중소제조업의 스마트팩토리, 로봇자동화로 역량강화 하려면

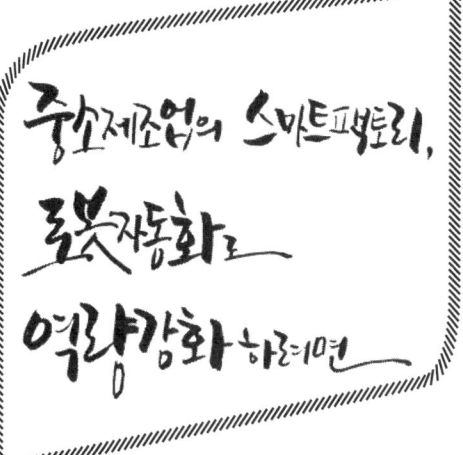

중소제조업의 스마트팩토리,
로봇자동화로
역량강화 하려면

|이남은 지음|

도서출판 **좋은기업위드**

여는글_

최근 로봇산업은 세계 각국의 국가전략산업으로 부상하면서 미래의 핵심산업으로 떠오르고 있다. 산업용 로봇은 일본이 세계적인 경쟁력을 보유하고 있는 분야이며, 이에 대한 경쟁도 주로 일본 내의 산업용 로봇 제조업체끼리 이루어지고 있는 상황이다. 하지만 최근 우리나라와 중국의 기술력이 일본을 위협할 정도로 나아지고 있으며, 대만에서도 전자기기를 위탁받아 생산하고 있는 폭스콘(Foxconn)社가 산업용 로봇이 자체 생산에 도전하면서 위협 요인이 되고 있다. 따라서 앞으로는 일본의 독주에 맞서는 아시아 각국 기업들의 기술 개발이 본격적으로 전개되면서 새로운 경쟁 구도가 형성될 것으로 보인다.

우리나라 중소기업의 현실은 어떤가?
최근 미국과 일본은 리쇼어링(Reshoring, 생산시설의 국내 이전)에 관심이 많다. 제조업의 중요성을 인식한 것이다. 반면 우리나라 중소제조기업의 현실을 바라보면 암울하기만 하다. 자금, 인력, 기술 등 모두가 열악하다. 생산성은 대기업의 1/3 수준이고, 일본에 비하면 턱없이 모자라다. 이런 여건으로 볼 때 제조 공정의 스마

여는글_

트화로 생산성을 높이지 않으면 안 된다. 현재 우리 중소·중견제조기업(이하 '중소기업'이라 칭하기로 한다)의 미래는 불투명하다. 그러나 투자비용이나 인력 구성상의 문제로 중소기업이 로봇자동화에 접근하는 것이 그리 쉬운 상황은 아니다.

　중소기업의 역량을 강화시키기 위해서는 반드시 로봇자동화의 도입이 필요하다. 그러나 중소기업이 로봇자동화에 투자하기가 아직 어려운 이유는 로봇 이외에도 로봇자동화에 수반되는 주변장치에 대한 투자 비용이 만만치 않기 때문이다. 일례로 한 대의 로봇을 활용한 시스템을 구성하는데 설비만 로봇 가격의 몇배 이상이 들어간다. 사실 로봇을 도입하는데 드는 비용에 있어서 부담이 크다. 보다 현실적인 문제도 따져봐야 한다.

　우리나라의 중소기업은 로봇을 도입하면서까지 부가가치가 높은 제품을 만들어서 팔고자 하는 생각 자체를 저자는 '안 한다'고 본다.

　선진국인 경우, 중소기업에서 로봇을 도입하는 이유를 들여다 보면, 그들이 만드는 제품의 원가비용을 절감하면서 이로 인해 고부가가치의 제품을 만들어 판매해도, 즉 '로봇으로 작업하면 더

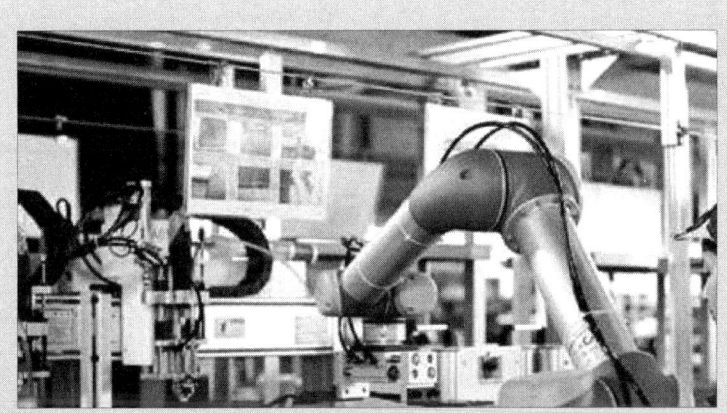

🔹 국내에서 가장 많이 팔린 유니버설 협동로봇

경쟁력이 있다'고 생각하기 때문이다.

저자는 일본의 기타큐슈에 있는 '야스가와社의 산업용 로봇제조공장'을 견학했었던 적이 있다. 그곳에서는 로봇이 로봇을 오래전부터 제조하고 있었다.

전 세계적으로 산업이 고도화됨에 따라 1960년대 초반부터 산업 현장에 적용되어 왔던 산업용 로봇은 당시까지 작업자가 해왔던 단순하면서 반복되는 작업을 대신했다. 이때까지만 하더라도 로봇은 간단한 이송 등의 작업만을 수행했을 뿐이었다. 그러나 1970년부터는 컴퓨터 기술을 응용한 프로그램화된 고기능의 로

여는글_

봇이 개발되었고, 1980년대 이후에는 인지 기능을 가진 인공지능형 로봇까지 등장하기에 이르렀다.

한국 경제의 산업 구조가 애플의 아이폰 출시 이후 급격히 고도화되는 등 4차산업혁명시대에 직면했다.

산업용 로봇은 여러 분야에서 분명한 장점을 제공한다. 로봇은 휴식이나 휴일이 필요 없으며, 안정적이면서 효율적으로 임무를 수행하고 조명도 필요 없어 에너지도 절감할 수 있다. 컨베이어 벨트에서 고정되어 특정 작업을 실행하는 기존의 산업용 로봇을 비롯하여 새로운 세대의 로봇들이 노동세계의 혁명을 이끌고 있다. 협업로봇, 이른바 코봇은 센서를 갖추고 있어 인간과 나란히 작업할 수 있고 반응할 수 있다. 이렇듯 로봇은 생산 현장에서 작업 절차를 전체적으로 진행하고, 인간은 이러한 작업 단계를 스크린으로 모니터링하고 조율할 수 있다.

우리나라의 경우를 보면, 산업용 로봇의 생산은 주로 해외 브랜드의 로봇 본체를 수입하여 시스템을 설계하고 조립하는 상황에서 거의 해외 브랜드의 독점 상태로 되어 있다. 해외 브랜드의 독점에서 벗어날 것을 목표로 많은 국내 로봇업체들이 독자 또는 과

학연구원와 공동으로 지속적으로 시장의 요구에 따라 산업용 로봇을 개발하고 상용화에 종사하고 있다.

산업이 점차 고도화될수록 더욱 정밀한 작업을 요하게 되고, 소득 수준이 향상될수록 열악한 작업 환경을 꺼리게 되면서 용접로봇의 기능은 증가하는 수요만큼 더욱 발전하게 됐다. 노동인구가 노령화되고 젊은 인력은 숫자가 현저히 감소하고 있다. 특히 3D 업종에 대한 기피현상으로 기계나 자동화로 대응해야 하고, 주52시간 근무제가 도입되면서 근로시간이 단축된데 따른 대책 마련으로 자동화가 경쟁력 강화의 필수가 되고 있다.

마지막으로 이 책을 만드는데 도움을 주신 일본 (주)신요기획 히라마츠신 씨, 베테랑 협업컨설턴트 이병수 박사님과 손태우 위원님, 호서대 김수영 교수님, 기술협업 컨설턴트 (주)스타코 양홍은 부사장님, 김인순 작가님께 감사함을 전하고자 한다.

일호이앤지 대표
연암공과대학교 겸임교수 역임   이남은 올림
한국기술교육대학교 온라인평생교육원 교수

저자의 인생좌우명_ 공수래공수거(空手來空手去)

사우디 국왕이 20여 년간의 집권을 접고 세상을 떠났습니다. 총리직과 입법, 사법, 행정의 삼권을 손에 쥐고 이슬람 성직까지 장악한 힘의 메카였던 그도 세월 앞에 손을 들고 한 줌의 흙으로 돌아갔습니다.

사우디는 지금도 우리나라 돈으로 3경 원에 해당되는 3,000여억 배럴 이상의 석유가 묻혀 있고, 자신이 소유한 재산만 해도 18조 원에 이르렀지만, 결국 폐렴 하나를 이기지 못한 채 91세의 일기로 생을 접어야 했습니다.

이슬람 수니파의 교리에 따르면 "사치스런 장례는 우상숭배다"라고 하여 서거 당일 남자 친척들만 참석한 가운데 수도에 있는 알오드 공동묘지에 묻혔습니다. 시신은 관도 없이 흰 천만 둘렀으며 묘는 봉분을 하지 않고 자갈을 깔아 흔적만 남겼습니다. 비문도, 세계 지도자들의 조문도 없이 평민들 곁에 그저 평범하게 묻혔습니다. 과연 공수래공수거의 허무한 삶의 모습을 실감케 하였습니다.

일찍이 세기의 철학자요 예술가이며, 예언가이자 종교지도자였던 솔로몬 왕은 이렇게 인생을 술회하고 세상을 떠났습니다.

"헛되고 헛되니 모든 것이 헛되도다."

인간이 가질 수 있는 모든 가치를 다 가져본 솔로몬도 그것을 허무하다고 탄식했다면, 아마도 친구들과 나누는 찻잔 속의 따스한 향기가 더 소중한 것일지도 모릅니다.

주름진 부모님의 얼굴도, 아이들의 해맑은 재롱도, 아내의 지친 손길도, 남편의 피곤한 어깨도, 나의 따뜻한 위로와 미소로 보듬을 수 있는 것이 오늘을 사는 지혜가 아닐까 합니다.

공수래공수거(空手來空手去)

안개 같은 삶의 터전 위에 사랑만이 남아있는 소중한 보물입니다.

목차_

여는글 • 5

저자의 인생좌우명 • 10

제1장_
중소기업의 제조 현장을 스마트화한다

산업용 제조로봇의 기술 동향을 보다 • 17

국내 중소기업에서 스마트팩토리를 추진하는 현황은 이렇다 • 37

지능형 공장의 구축을 위한 산업용 제조로봇의 역할은 중요하다 • 47

중소제조업계의 인력난, 로봇자동화로 뚫어야 한다 • 50

일본에서의 로봇 현황을 알아보다 • 53

제2장_
로봇을 활용하기 위해서는 기초 지식이 필요하다

로봇 도입시 고민할 필요가 있다 • 67
로봇 도입시 핵심포인트를 정리하다 • 80
로봇 활용상의 유의점은 이렇다 • 96
로봇도 안전 대책이 필요하다 • 100
인공지능 로봇을 알아보다 • 102
산업용 로봇의 종류와 구조를 알아보다 • 106
협동로봇을 활용한 자동화가 가능한 작업을 살펴보다 • 115

제3장_
중소제조기업에서 로봇자동화의 도입은 이렇게 한다

스마트팩토리의 로봇자동화를 도입하기 위한
　　　　　　　　　　　　　　　전제조건을 알아보다 • 133
스마트팩토리의 로봇자동화를 도입하기 위한
　　　　　　　　　　　　　　　해결방안을 알아보다 • 144
스마트팩토리의 로봇자동화가 역량 강화를 위한
　　　　　　　　　　　　　　　정부종합개선제안이다 • 174

목차_

제4장_

로봇자동화의 실제 사례를 알아보다

국내 로봇자동화의 사례를 설명하다 • 183

일본 로봇자동화의 사례를 설명하다 • 223

주식회사 스타코_ 소개 • 231

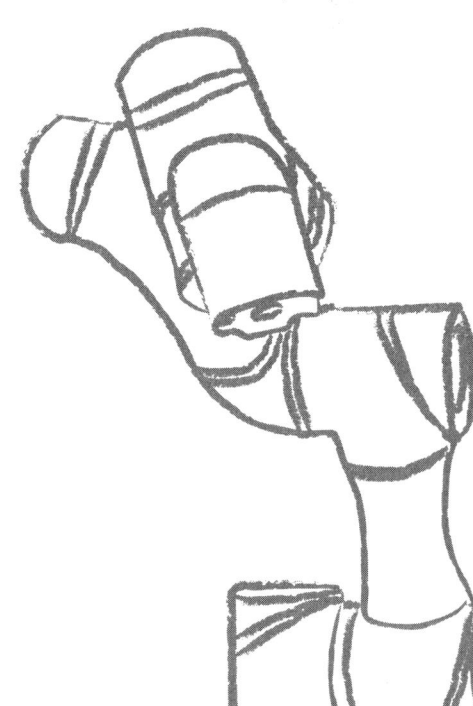

제1장_

중소기업의 제조 현장을 스마트화한다

우리나라는 '제조업 혁신 전략 4.0'을 실행하는 동시에, '독일 Industry 4.0' 수준의 고도화를 추진하기 위한 일환으로 2020년까지 2만 개에 해당하는 스마트공장을 보급·확산할 계획으로 IT(4차산업혁명시대의 기본 역량), 소프트웨어, 사물인터넷 등을 활용하여 생산의 전 과정을 지능화·최적화하고 있다. 그러나 IT, 소프트웨어, 사물인터넷을 기반으로 한 스마트공장을 보급하고 확산한다는 것은 자칫 제조 현장의 네트워크화, 생산관리 자동화에 집중될 것으로 예상되어, 실제 제조 현장의 스마트화는 미미할 것으로 우려된다.

중소기업의 경우 생산성의 향상이나, 제조 환경을 혁신함으로써 경쟁력을 강화시키기 위해서는 '제조 공정+IT·SW+로봇'에 기반으로 한 제조 현장의 스마트화(제조 공정의 자동화)를 위한 지원이 필요한 실정이다. 즉, 중소기업에서의 보틀넥(Bottleneck) 공정을 개선하는 로봇자동화는 취약한 공정을 로봇시스템과 창의적이면서 고부가가치인 제조 공정으로 혁신해 제조 역량을 강화시키는 데 있다.

산업용 제조로봇의 기술 동향을 보다

로봇은 단순 반복 작업에서 3D 작업 및 고정밀 작업으로, 그리고 인간-로봇 협업 작업에서 'Robotic Factory'로 점차 발전해 왔다. 이는 스마트팩토리에서 로봇을 운영하기가 쉽고 무게는 가벼우면서 유연한 로봇과 인간 간의 협업하는 생산 체계로 진화하는 것을 의미한다. 로봇은 제조 산업에서 성장 지원의 한 일환으로, 주력 산업의 경쟁력 강화(예컨대 자동차, 디스플레이, 스마트기기 등) 및 중소제

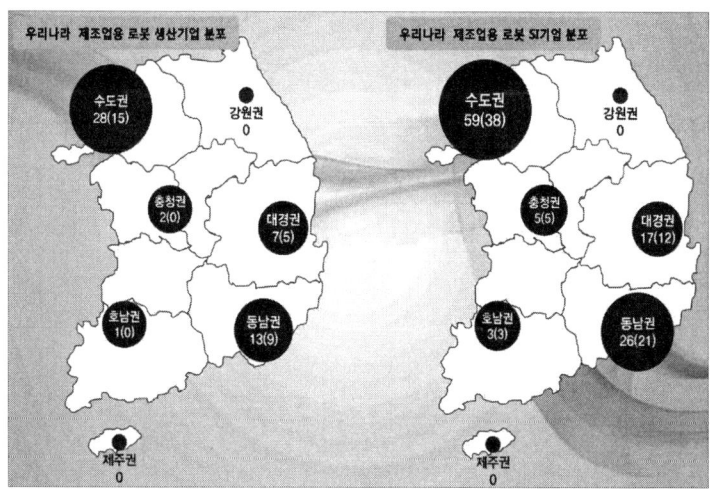

◘ 제조업용 로봇기업의 현황

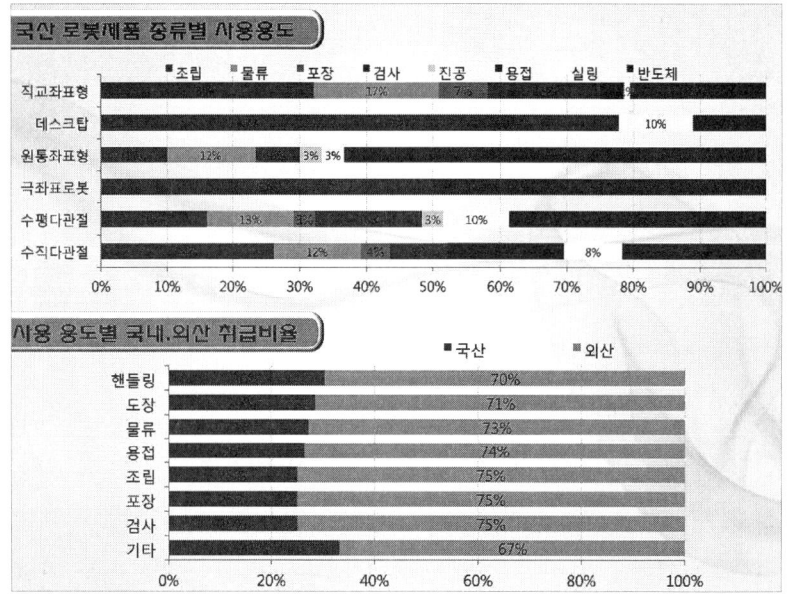

🔹 제조업용 로봇의 적용 분야
(출처 : 국내 로봇생산 및 SI 기업실태조사, 중소제조로봇보급사업추진단, 2012년)

🔹 제조업용 로봇의 보급 및 확산을 위한 전략 도표

조업 지원(공정자동화, 인력난 해소 등)에도 앞장서고 있다. 특히 로봇의 도입으로 고정비용을 줄이고, 작업자와 작업하는 공간을 서로 공유함으로써 이지 티칭(Easy Teaching), 플랙서블(Flexible) 등으로 무장한 점도 눈에 띈다. 특히 인간-로봇 협업로봇인 '양팔로봇(Dual Arm Robot)'이 등장했는데, 전문지식이 없는 작업자도 로봇에 쉽게 직접적으로 작업을 지시하는 것이 가능해졌다는 것이 장점이다.

양팔로봇은 사람의 팔을 본 뜬 양팔을 사용해 소형 부품조립(기어 조립 등)을 담당하는데 최적화되었으며, 협소한 공간에서 인간과 함께 작업을 할 수 있을 만큼 안전하게 설계되어 있다.

제조업용 로봇의 용도별 적용 분야는 매우 광범위하다. 이송(FPD; Flat Panel Display, 평면판표시장치), 웨이퍼(Wafer), 스폿(Spot)용접, 핸들링(전자부품, 자동차부품), 도장, 실링(Sealing, 밀봉), 취출, 로딩 및 언로딩, 아크용접, 연마(ABB社의 Most Popular Applications for Industrial Robots), 디버링(Deburring), 팔레타이징(Palletizing), 시험, 검사, 조립 등 적용 분야에 모두 포함된다.

◘ 로봇의 동작을 프로그래밍하는 모습

"플라스마 용접 등 첨단공정도 자동화… 라인당 직원 1명 목표"
전기차 배터리 보호 'EV릴레이' 생산하는 'LS이모빌리티' 청주공장 가보니

"공장 자동화 비율을 추가로 높여 현재 3명인 라인당 직원을 추후 1명씩만 두는 것을 목표로 하고 있다."_김형택 LS이모빌리티솔루션 EV생산실장

3일 충북 청주 LS이모빌리티솔루션 공장에서는 EV릴레이 조립라인이 쉴 새 없이 돌아가고 있었다. 컨베이어벨트 양쪽에는 거의 대부분 자동화 로봇이 부품을 조립했다. 용접 등 수십 가지 공정을 자동화한 덕에 라인당 필요 인력은 현재 조립 2명과 최종 검사 및 포장 1명 등 총 3명뿐이다. 자동화 공정 중에는 레이저 용접과 플라스마(초고온기체) 용접 등 첨단 공정도 포함돼 있다. EV릴레이는 전기차 배터리팩과 인버터 사이에 설치하는 부품으로 배터리 전원을 공급 및 차단하는 역할을 하는 핵심 부품이다. 업계에서는 심장(배터리)을 보호하는 판막(EV릴레이)이라고 부르기도 한다. 150㎤ 안팎의 작은 부품이지만 아크(Arc·전기불꽃) 차단 기술 등을 갖춰야 해 생산하기가 까다롭다. LS이모빌리티솔루션 공장은 월 최대 23만 4500여 개의 EV릴레

🔼 EV릴레이와 배터리 분배 장치의 제조 라인 모습

이를 생산할 수 있다. 여기서 생산된 부품은 제너럴모터스(GM) 볼트, 현대자동차 넥쏘, 르노 조에 등 다양한 브랜드의 전기차에 탑재된다. 글로벌 전기차 EV릴레이 시장에서의 점유율은 약 10%. 일본 파나소닉, 중국 훙파에 이은 글로벌 3위 수준이다. 연면적 1만 3680m² 규모(지상 2층, 지하 1층)의 LS이모빌리티솔루션 공장은 국내 유일의 EV릴레이 전용 생산 공장이다. 2007년 EV릴레이 사업에 뛰어든 LS그룹이 2012년 약 320억 원을 투입해 구축했다. 5개 라인 중 4개는 EV릴레이를 생산하고 1개 라인은 EV릴레이와 전류 센서, 퓨즈 등을 조합한 모듈 제품 '배터리 분배 장치(BDU)'를 생산한다. 김 실장은 "수요가 폭발적으로 늘어나면 곧바로 공장을 한층 더 높게 지을 수 있도록 설계했다"고 설명했다. 공급량을 늘리기 위해 공장을 새로 지으면 시간이 걸리는 만큼 공급량을 단기간 내 끌어올리기 위한 전략을 세운 것이다. LS이모빌리티솔루션 공장의 가장 큰 특징은 자동화다. 김원일 LS이모빌리티솔루션 대표이사는 "모회사인 LS일렉트릭의 '등대공장' 설비가 곳곳에 녹아 있어 등대공장과 비슷한 수준의 자동화 설비를 갖췄다"고 했다. 지난해 세계경제포럼(WEF)은 사물인터넷(IoT), 인공지능(AI), 클라우드 등의 신기술을 적용한 LS일렉트릭 청주공장을 등대공장으로 선정했다.

올 4월 LS일렉트릭에서 분사된 LS이모빌리티솔루션은 2030년 매출 1조 1000억 원 달성을 목표로 하고 있다. 지난해 매출 600억 원에서 9년 만에 약 18배로 성장하겠다는 공격적인 목표다. LS이모빌리티솔루션은 전기차 시장의 성장으로 덩달아 EV릴레이 시장까지 커질 것으로 기대하고 있다. 이 회사가 자체 파악한 글로벌 EV릴레이 시장 규모는 2030년 7조 3000억 원 규모로 전망된다. JP모건은 2030년 9조 6000억 원까지 커질 것이라고 내다보기도 했다.

LS이모빌리티솔루션은 글로벌 진출도 계획하고 있다. 김 대표는 "멕시코, 미국 등 북미 지역에 생산거점을 갖추는 방안을 검토 중"이라며 "미국 시장은 부가가치가 높은 BDU를 중심으로 진출할 계획"이라고 설명했다. 개별

EV릴레이 제품의 경우 영업이익률이 높지 않지만 EV릴레이와 각종 부품을 모듈화한 BDU의 경우 판가와 영업이익률 둘 다 높다는 판단에서다.

(출처 : WELDING KOREA+AUTOMATION 전시회 2022년 7월 13일자)

> **저자소견**
> 공장 자동화 비율을 추가로 높여 현재 3명인 라인당 직원을 추후 1명씩만 두는 것을 목표로 하고 있으나, 점차 공정 개선을 통해 무인화 생산라인으로 도전이 필요하다.

中 제조업계, 인력 줄이고 로봇 늘린다...자동화 전환 가속화

저출산으로 노동 인구 감소에 직면한 중국이 산업용 로봇 생산을 급격히 늘리고 있다. 더 이상 저렴한 노동력에만 의존하기 힘들어지면서 제조업의 자동화 전환에 속도를 내는 모습이다.

18일(현지시간) 월스트리트저널(WSJ)이 분석한 국제로봇협회 자료에 따르면 지난해 중국으로 향한 산업용 로봇의 출하량은 24만 3000대로 전년 대비 45% 증가한 것으로 나타났다. 이는 전 세계 산업용 로봇 출하량의 절반에

◘ 중국 산시성 시안에 있는 전기차 제조공장

달하는 규모다. 그간 중국은 세계 2위의 경제 규모에도 불구하고 공장의 로봇 보급률이 한국과 일본 등 제조업 강국에 비해 뒤처져 있었다. WSJ는 "중국이 미국과 유럽 전역의 공장보다 두 배 더 많은 로봇을 설치했다"며 "산업용 로봇 시장에서 1위의 자리를 다지고 있다"고 전했다.

중국이 산업용 로봇 생산에 열을 올리는 이유는 저렴한 노동력에 의존하던 제조업이 임금이 상승하고 노동 인구가 줄면서 성장의 한계에 직면했기 때문이다. 유엔(UN)은 "이르면 내년에 인도가 중국을 제치고 세계에서 인구가 가장 많은 국가에 오를 것으로 예상된다"며 "노동의 주축이 되는 20세에서 64세 사이의 중국 인구는 이미 정점에 달했다"고 전망한 바 있다. 또 2030년 이후에는 고령화와 출산율 하락으로 중국의 인구가 급격히 줄어들 것으로 예측했다. 실제로 노동 인구가 급격히 감소하면서 중국의 생산성 증가세도 둔화하는 양상을 보이고 있다. 지난해 중국의 시간당 생산량은 주요 7개국(G7) 평균 4분의 1, 미국 생산량의 5분의 1 수준에 불과했다. 2000년부터 2010년까지 연평균 9% 속도로 늘던 생산성은 2010년 이후부터 2020년까지 매년 7.4% 성장에 그쳤다.

WSJ는 "중국은 더 이상 노동력에만 의존한 성장을 유지할 수 없다"며 "제조업의 자동화는 생산성을 높이기 위한 가장 확실한 방법이며 중산층 국가 대열에서 벗어나려면 필수적으로 필요하다"고 강조했다.

현재 중국 기업들은 노동 인구 감소에 대응하는 한편 정밀 작업의 질적 향상을 위해 최첨단 산업 로봇들을 도입하고 있다. 중국 선전에 있는 로봇 팔 제조사 '도봇'은 애플의 무선 이어폰을 제조하는 중국 기업을 위해 로봇 시스템을 개발했다. 일반 근로자로 구성된 팀이 한 시간에 650개의 제품을 생산하는 반면 로봇팔은 800개를 제작한다.

미국의 투자조사기관 번스타인 리서치는 현재 100만대에 달하는 중국 내 산업용 로봇이 2030년에는 420만대까지 증가할 것이라고 관측했다.

(출처 : 아시아경제 2022년 9월 19일자)

저자소견_
중국이 산업용 로봇 생산에 열을 올리는 이유는 제조업이 임금이 상승하고 노동 인구가 줄면서 성장의 한계에 직면했기 때문이다. 결국 중국도 인건비 상승으로 베트남에서 생산해서 들어오는 제품도 늘어난다.

"로봇이 분당 120포 조제"…약국도 이제 스마트해진다

한미사이언스 계열사 제이브이엠이 다관절 협동 로봇팔이 적용된 차세대 약국자동화시스템을 공개한다.

제이브이엠은 오는 17일 열리는 기업설명회에서 미래 약국 자동화 시장을 선도할 신제품 'MENITH'를 공개하고, 해외 시장 진출을 위한 본격적인 마케팅 활동을 펼쳐 나간다고 16일 밝혔다.

제이브이엠이 독자 개발한 차세대 조제 자동화시스템인 'MENITH'는 다관절 협동 로봇팔이 캐니스터(의약품을 담는 통)를 교환하며, 기존 ATDPS(전자동 정제 분류 및 포장 시스템) 보다 조제 속도를 2배 이상 높여 분당 120포 조제가 가능하다. 자동 검수 기능도 이 시스템에 통합돼 약국 내 조제 공정을 최소화할 수 있다.

제이브이엠 관계자는 "MENITH는 코로나 팬데믹 이후 해외에서 보편화되고 있는 조제공장형 약국에 최적화된 차세대 제품"이라며 "전 세계적으로 대량 조제 수요는 급증하는 반면 약국 근무 인력은 계속 부족한 상황이어서, 빠르고 정확하게 대량 조제할 수 있는 MENITH만의 효용성이 앞으로 크게 부각될 것"이라고 말했다.

제이브이엠은 내년 해외 시장에서 'MENITH'에 대한 필드 테스트를 진행한 후, 본격적인 시장 확대에 나설 계획이다. 'MENITH'는 FULL 타입(T7/T8/

▶ 제이브이엠의 차세대 파우치 포장 자동 조제기 'MENITH'

▶ 다관절 협동로봇을 활용해 캐니스터를 자동 교체하는 모습

T9)과 HALF 타입(T4)의 다양한 라인업을 선보일 예정이며, 특히 FULL 타입의 경우 기존 대형 ATDPS 3~4대 분량의 파우치 조제가 가능하다.

(출처 : 머니투데이 2022년 11월 16일자)

저자소견

MENITH는 코로나 팬데믹 이후 해외에서 보편화되고 있는 조제공장형 약국에 최적화된 차세대 제품이라며 전 세계적으로 대량 조제 수요는 급증하는 반면 약국 근무 인력은 계속 부족한 상황이어서, 빠르고 정확하게 대량 조제할 수 있는 MENITH만의 효용성이 앞으로 크게 부각될 것이다.

산업 대전환기 전체 산업 혁신을 위한 거시적 관점의 로봇 활용 필요

음식 맛은 손맛이라는데 치킨, 피자, 샐러드, 커피 맛이 훌륭하다. 어느 요리사의 손길인가 했다. 알고 보니 로봇이 만들었다. 식당에서 서빙하는 로봇과 함께 주방에서 열심히 일을 하고 있다. 최근 음식을 조리하는 로봇이 논산훈련소에 입대했다. 현재 3000명분의 밥, 국, 조림, 튀김을 거뜬하게 만들어 내는 조리 로봇이 취사병을 돕고 있다. 이제 로봇은 스마트 공장이나 기존 제조 현장뿐만 아니라 식당에서 음식 제조, 서빙은 물론 배송서비스, 수술·간호·재활·돌봄 등 의료서비스, 안내와 상업용 청소, 보안, 경비는 물론 건설, 농업, 국방에 이르기까지 다양한 영역에서 활용되고 있다. 코로나19로 인해 비대면과 자동화가 일반화되면서 로봇 활용은 더욱 확대되고 있다. 비대면은 곧 디지털 접촉(Digital Contact)이다. ICBM(IoT, Cloud, Big Data, Mobile), 5G 등 첨단정보통신 기술의 융합이 본격화됐다.

패러다임의 변화 속에 기술 혁신이 가속화되고 있다. 고령화·저출산에 따른 일손 부족, 인건비 상승과 함께 산업 대전환 시기를 맞았다. 디지털전환(DX), 디지털트윈(DT), 메타버스(MV)와 더불어 AI와 로보틱스가 미래를 바꿔 나갈 핵심 키워드로 부상하게 된 것이다. 이런 가운데 세계 로봇 시장은 빠르게 성장하고 있다. 2020년 세계 로봇 시장 규모는 약 243억 달러로 최근 6년간 매년 10%대 고성장을 지속하고 있다.

시장조사업체 OMDIA에 따르면, 대표적 융합 산업인 로봇 산업 규모는 2026년 2860억 달러(약 348조 원)로 확대될 것으로 추정하고 있다. 코로나19 상황에서 세계 서비스 로봇 시장의 성장률과 규모가 기존 제조 로봇 시장을 앞지르고 있는 것도 중요한 변화이다. 지난 1월 미국 라스베이거스에서 열린 CES 2022에서 확인됐지만 지난달 28일 스페인 바르셀로나에서 개최된 MWC 2022에서도 AI, DX를 기반으로 한 '로보틱스'가 가장 주목받는 융합 비즈니스 모델이었다. 이미 전 세계적으로 '위드 로봇(With Robot)

시대'가 본격 개막했으며, 일상생활에서 로봇과의 '공존'은 피할 수 없는 대세가 됐다. 이러한 세계적인 추세에 따라 그동안 관망하고 있던 삼성, LG, 현대, 두산 등 국내 굴지의 대기업이 로봇을 차세대 먹거리로 인식하고 본격적인 투자를 하고 있다. 이와 함께 초고속·초연결·초저지연으로 대표되는 5G 구축에 전문성을 띤 KT, SK, LG 유플러스 등 이동통신사는 AI·빅데이터·클라우드 역량을 융합해서 미래 서비스로봇 시장을 선도할 수 있다는 판단에 공격적으로 로봇사업에 진출 중으로, 국내 로봇산업의 청신호가 될 것으로 보인다. 그동안 정부는 2008년에 제정한 '지능형 로봇법' 시행 이후 세 차례(2009년, 2014년, 2019년)에 걸쳐 '지능형 로봇기본계획'을 수립, 국내 로봇산업 육성정책을 마련했다. 로봇활용 표준공정모델 개발 및 중소 제조 공정혁신을 위한 제조업용 로봇 보급, 정부 주도 서비스로봇 초기시장 창출, 로봇핵심기술 R&D 등을 추진해 왔다. 산업부는 국조실 및 관계부처 합동으로 '로봇산업 선제적 규제혁신로드맵'을 발표(2020년 10월)하고 규제 샌드박스와 규제 특구 등을 통해 규제 극복과 신시장 창출을 위해 노력하고 있다. 2020년 기준 국내 로봇 시장은 5조 5000억 원 규모이며, 연평균 5.4% 성장 추세다. 서비스로봇 시장은 전년 대비 34.9%가 증가한 8000억원 규모로 연평균 6.4% 성장하고 있다. 근로자 1만명당 로봇 활용 대수를 뜻하는 로봇 밀도는 우리나라가 932대로 세계 1위를 차지하고 있고, 판매량 기준으로 세계 4위 수준의 산업용 로봇 시장 규모다. 그러나 이러한 통계는 자동차나 반도체, LCD, 전자산업 등 특정 분야에 산업용 로봇 보급이 밀집되어 있기 때문이지 전체 산업에 널리 보급되어 있어서가 아니다. 또 중국의 가파른 로봇산업 성장으로 가격과 품질 경쟁력을 갖춘 서비스로봇의 국내 로봇 시장 잠식 우려가 있다. 그동안 적극적인 R&D 투자에도 로봇 기술경쟁력은 미국·일본·유럽에 이어 세계 4위 수준으로 최고기술 보유국 대비 제조업용 80%, 서비스로봇은 83.5%에 머무르고 있다. 이에 따라 급속한 제조 환경의 변화, 인구 구조 및 생활 양식의 변화, 디지털 대전환 등

🔹 로봇자동화시스템 적용 모습 ⓒ게티이미지뱅크

글로벌 메가트렌드에 효과적으로 대응하면서 K-로봇의 성장을 위해서는 로봇 산업 자체의 육성에만 치중할 것이 아니다. 산업 대전환기에 전 산업 분야의 혁신을 끌어내는 거시적 관점의 로봇 활용이 필요하다.

첫째 로봇 기반 디지털 혁신을 통해서 스마트공장 가속화와 제조산업 전 분야에 로봇을 선도 보급할 필요가 있다. 이를 통해 최저임금 인상 및 주 52시간제 확대, 중대재해처벌법 시행, 탄소중립 이슈, 넛 크래커(Nut Cracker) 위기 및 미래 신산업 주도권 확보 경쟁에 효과적으로 대응해야 한다. 생산성 향상, 품질 개선, 고위험·고강도·단순 반복 업무 대체 수행 등으로 제조업 디지털 전환과 근로 환경 개선에 기여해야 한다.

둘째 소상공인 경영 정상화 및 국민의 건강한 삶·돌봄에 대응하기 위해 적극적인 로봇 보급이 필요하다. 또 범죄 예방 등 사회 안전망 강화를 위한 로봇 활용 기반이 마련돼야 한다. 초고령 사회 진입, 코로나19 팬데믹 장기화로 인한 소상공인·자영업자 애로 심화, 사회 안전망 부족 등이 대두됨에 따라 의료·복지·안전 사각지대 해소 및 생활 밀착 서비스 지능화 등 삶의 질 향상에 기여할 것이다.

셋째 현재 추진 중으로 실제 환경·시설을 모사한 로봇테스트 인프라인 국가로봇테스트필드 사업이 성공적으로 이루어져야 한다. 그동안 새로운 형태의 서비스로봇이 시장에 빠르게 출시되고 있지만 실제 환경을 모사한 테스트베드가 없어서 실험실 수준의 검증으로 성능, 안전성, 신뢰성 검증에 한계가 있었다. 규제 프리존으로 다양한 선제적 테스트, 비즈니스를 위한 트랙레코드를 거쳐 KS 인증, 세계 표준으로 이어지는 글로벌 경쟁력을 갖추도록 해야 한다.

넷째 미래 로봇산업 및 로봇 활용 인력을 위한 디지털 교육 강화와 노동시장 유연화에 효과적으로 대응할 필요가 있다. 로봇으로 인해 줄어드는 것만큼 새로 생겨나는 일자리는 로봇과 함께 일할 수 있는 디지털 스킬이나 로봇을 유지·제어할 수 있는 SW 역량이 필요하다. 사업주는 로봇 활용으로 생산성 향상과 산업 재해가 줄어드는 만큼 로봇으로 대체된 근로자를 좀 더 나은 일자리로 전환시켜서 상생의 부가가치를 창출토록 해야 한다.

다섯째 앞에서 제시한 방안을 효과적으로 추진하기 위해서는 범부처 차원의 협력과 이를 아우르는 컨트롤타워가 필요하다. 여러 부처에 흩어져 있는 로봇 관련 예산·사업 등을 점검하고, 역할 배분을 통해 효과적으로 정부 사업이 추진되어야 한다. 규제 개혁 또한 여러 부처의 법과 규정이 연관되어 있는 만큼 협력과 조정을 위해서도 컨트롤타워는 절실하다. 물 들어올 때 노를 저어야 한다고 했다. 성큼 다가온 위드로봇 시대에 K-로봇이 국내 산업을 견인함은 물론 세계 로봇산업의 게임체인저가 되길 기대해 본다.

(출처 : 전자신문 2022년 3월 14일자)

저자소견_

급속한 제조 환경의 변화, 인구 구조 및 생활양식의 변화, 디지털 대전환 등 글로벌 메가트렌드에 효과적으로 대응하면서 K-로봇의 성장을 위해서는 로봇 산업 자체의 육성에만 치중할 것이 아니다. 산업 대전환기에 전 산업 분야의 혁신을 끌어내는 거시적 관점의 로봇 활용이 필요하다. 로봇자동화는 미래 가속 제조업의 혁신 아이콘이므로 물 들어올 때 노를 저어야 한다. 성큼 다가온 위드 로봇 시대에 K-로봇이 국내 산업을 견인함은 물론 세계 로봇산업의 게임 체인저가 되길 기대해 본다.

식품산업의 로봇자동화…생산효율·작업안전 견인 기대

국내 식품산업이 인공지능(AI), 로봇 기술 등과 결합하면서 푸드테크(Foodtech) 산업으로 진화하고 있다.
푸드테크는 식품(Food)과 기술(Technology)의 합성어로 식품의 생산, 유통, 소비 전반에 AI, 사물인터넷(IoT), 바이오기술(BT) 등 첨단기술과 결합한 신산업이다. 온라인 유통 플랫폼, 무인 주문기(키오스크), 배달·서빙·조리 로봇 등이 대표적이다.
특히 식품 가공 및 포장 분야에서의 로봇 도입이 확대될 전망이다. 시장조사 기업 마켓 앤 마켓 리서치(Markets and Markets Research)의 '식품로봇시장' 보고서에 따르면, 세계 식품로봇시장은 2020년부터 2026년까지 연평균 13%씩 고성장이 예상된다.
보고서는 로봇 기술의 발전으로 유제품 및 베이커리 등의 부문에서 포장, 재포장, 팔레타이징 등을 포함한 다양한 부문에서 로봇 적용이 확대될 것으로 내다봤다.
최근 경기도 고양시 킨텍스에서 개최한 대한민국 과학기술대전(과기대전)에서는 베이커리 분야의 자동화 공정을 소개한 부스를 볼 수 있었다.
한국식품연구원(KFRI)은 시제품으로 제작한 '도넛 원물 탈부착 로봇자동화'를 과기대전에서 시연했다. 로봇과 AI기술을 도입해 소재 공급에서 시럽 코팅, 설탕 코팅, 건조 이송, 데코 등의 전 과정을 자동화했다.
이에 대해 KFRI 디지털팩토리사업단 권기현 단장은 "사전에 생산량과 생산 시간을 입력해 두면 이에 맞춰 로봇이 대기하다가 시간에 맞춰 유탕된 도넛을 투입한다. 또한 도넛을 투입 후 초코로 코팅할지, 딸기로 코팅할지 미리 입력하면 입력 프로그램에 따라 로봇이 동작한다"라며, 최종 단계에는 다관절 로봇이 소비자에게 완성된 도넛을 전달해 주는 로봇자동화 프로세스라인이라고 설명했다.

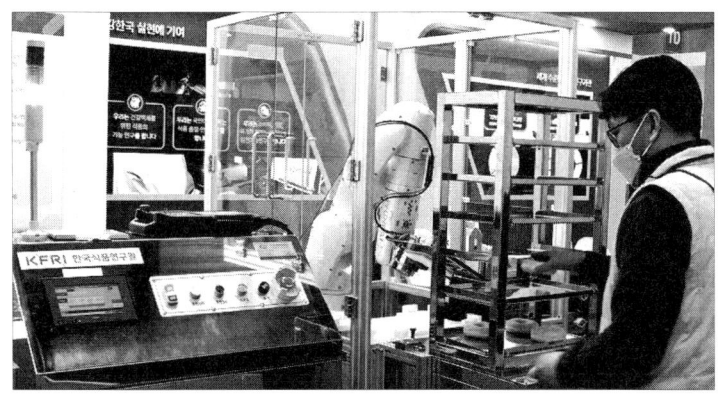

🔼 도넛 원물 탈부착 로봇자동화를 시연하는 모습

권 단장은 기존에도 도넛을 유탕하는 부분이나 로봇이 스태킹(Stacking)돼 있는 채반을 내리고 올리고 하는 것은 있었지만 이렇게 전체 공정을 로봇자동화한 것은 처음이라고 했다.

또한 식품산업 분야의 로봇자동화 추세는 앞으로 커질 것으로 분석했다. 식품산업계도 작업자 안전 강화와 위생, 생산성 향상 등에 초점이 맞추고 있기 때문이다. 권 단장은 "식품 생산은 품질 안전과 위생 안전이 포함돼 있다. 그런데 현재 식품 가공 현장은 제조 환경이 열악해 작업자들의 안전사고 위험이 높다"라며, 이에 로봇자동화를 활용해 이러한 환경을 제고할 필요가 있다고 강조했다.

새로운 공정이 도입되면, 인력의 재순환 및 재교육, 재배치 과정이 필요하다. 권 단장은 "자동화의 기대 효과는 경제적인 분야와 환경 분야로 나눌 수 있다"며 경제적인 분야는 인력에 대한 재배치로 인해 인건비를 절감할 수 있다"라며, 자동화프로세스 도입과 AI 프로그램에 의해 생산량을 제어할 수 있기 때문에 생산량 증가 효과와 더불어, 침이나 머리카락 등의 이물질 인입이 제거됨으로써 불량률 감소 효과도 크다고 했다.

 식품 분야에 속한 대기업이나 중견기업이 아니라 수많은 중소기업 및 소기업의 자동화 프로세스 도입 확대를 위해서는 풀어야 할 과제도 많다. 이러한

🔼 식품 로봇자동화의 생산 라인 모습

허들 중 권 단장은 식품 제조 모델 표준화를 선결과제로 꼽았다. 그는 "식품 분야는 원료가 정형화되지 않고 비정형화된 것이 대부분이다. 때문에 전처리하고 가공 조리하고 계량 및 포장하는 모든 공정들이 표준화가 먼저 돼야 할 부분"이라고 설명했다.

"이를 통해 시범 사업을 만들고 실증센터에서 자체적으로 연구개발(R&D)을 진행할 수 없는 중소기업이나 소기업들을 지원해야 한다. 나아가 기업에 적합한 표준화 모델을 커스터마이징해서 보급하는 것이 필요하다"라고 피력했다.

(출처 : 산업일보 2022년 12월 22일자)

저자소견_

인력에 대한 재배치로 인해 인건비를 절감할 수 있으며, 자동화 프로세스 도입과 AI 프로그램에 의해 생산량을 제어할 수 있기 때문에 생산량 증가 효과와 더불어, 침이나 머리카락 등의 이물질 인입이 제거됨으로써 불량률 감소 효과도 크다.

월 1200대 엘리베이터가 탄생하는 곳…'TKE 천안 캠퍼스' 가보니

지난 달 22일 방문한 충남 천안의 TK엘리베이터(TKE·옛 티센크루프엘리베이터) 캠퍼스. 공장에 놓인 거대한 기계는 스스로 철판을 옮긴 뒤 구멍을 뚫고 접어 엘리베이터 문을 만들었다. 납작했던 철판 하나가 두께를 갖춘 엘리베이터 문 형태로 갖춰지는 데엔 2분이 채 걸리지 않았다. 이는 자동화시스템을 도입한 덕분이다.

TKE는 2016년부터 사물인터넷(IoT)·빅데이터·로봇 등을 기반으로 한 스마트팩토리·스마트물류센터를 마련했고 이를 통해 시간당 생산량을 기존의 2배 가까이 끌어올렸다.
안종화 TKE 생산팀장은 "과거 사람이 일일이 직접 하던 일을 로봇이 대부분 대신하고 있다"며 "현재 양쪽 문을 기준으로 월 6500세트를 생산할 수 있을 정도로 생산성이 높아졌다"고 말했다.

TKE는 1966년 설립된 동양에레베이터가 모체로, 독일 티센크루프 그룹과의 합병·분사를 거쳐 현재 모습에 이르렀다. 티센크루프 그룹이 지난해 엘

🔲 TK엘리베이터 천안 캠퍼스의 전경

리베이터 사업을 172억 유로(23조 원)에 유럽계 사모펀드 어드벤트 인터내셔널 컨소시엄에 매각한 이후 TKE는 엘리베이터 제조 전문기업으로서 기술 개발과 설비 고도화에 속도를 내고 있다.

이날 방문한 천안 캠퍼스에선 사람 팔처럼 생긴 레이저 가공기가 분주하게 움직이는 모습도 보였다. 안 팀장은 "엘리베이터 천장에 쓰일 수 있도록 철판에 구멍을 내는 과정"이라며 "가공기에 소재(철판)를 넣어두면 작업자가 내리는 지시에 따라 자동으로 소재를 공급해 가공한다"고 설명했다. 도장 작업 역시 9단계에 걸친 작업이 컨베이어를 따라 자동으로 진행됐다.

또 '엘리베이터의 두뇌'라고 불리는 제어반, 인버터 등을 생산하는 전기반은 각 공정에 검사 모니터가 설치돼 실시간으로 실적 관리 등을 할 수 있는 시스템이 갖춰져 있다. 안 팀장은 "천안 캠퍼스에서 생산된 도어·천장·제어반·인버터에 패널 등이 추가되면 한 대의 엘리베이터가 된다"며 "이곳에선 최대 월 1200대의 엘리베이터를 생산할 수 있다"고 말했다.

다만 TKE는 스마트팩토리 도입으로 생산 시설을 대부분 자동화하는 과정에서도 기존 직원들을 재교육해 다른 업무를 맡기는 방식으로 고용은 최대한 유지했다. 캠퍼스 곳곳에 설치된 스크린골프장을 포함해 당구장, 족구장, 영화관, 카페, 사우나 등 각종 부대시설에선 얼마만큼 회사가 직원 복지를

◘ 레이저 가공기를 작동해 엘리베이터 천장 구조물을 생산하는 모습

생각하고 있는지를 엿볼 수 있었다.

TKE는 생산 효율을 끌어올리면서 동시에 첨단 기술을 접목한 엘리베이터도 꾸준히 개발하고 있다. '트윈'(TWIN)·'멀티'(MULTI) 엘리베이터가 대표적이다. 이들은 승객 운송능력과 건물 가용면적을 극대화하면서 승강로 공간이나 건축 비용을 줄이고자 TKE가 연구·개발한 엘리베이터 시스템이다.

트윈 엘리베이터는 하나의 승강로에 두 대의 엘리베이터가 상호 독립적으로 움직이는데, 승객이 목적하는 층을 등록하면 가장 빠르게 도착할 수 있는 엘리베이터를 안내해주는 목적층 선택제어시스템(DSC)과 함께 운영된다. 멀티 엘리베이터는 줄이 없는 자기부상 방식으로 수직은 물론, 수평으로도 운행한다는 게 특징으로, TKE가 세계 최초로 개발한 엘리베이터다.

이날에도 TKE 연구 시설인 테스트 타워에선 더 나은 엘리베이터를 제작하려는 시도들이 이어졌다. 지상 157m, 약 40층 높이의 테스트 타워는 다양한 용량·목적의 엘리베이터 실험을 위해 제작된 곳으로, 총 8개의 승강로에서 최대 14대의 엘리베이터가 동시에 시험을 벌일 수 있다. 트윈 엘리베이터 등 신제품 검증이나 정부 인증 테스트도 이곳에서 진행된다.

오진수 TKE 설비개선팀장은 "트윈·멀티 엘리베이터는 일반 기종과 비교해 가격대가 최소 2.5배에 달하는 프리미엄 제품으로, 트윈 엘리베이터는

⬆ 테스트타워에 설치된 엘리베이터의 모터와 제어판

국내에서 세 번째로 높은 빌딩인 여의도 파크원과 아모레퍼시픽 본사, CJ E&M 센터 등에 적용됐다"며 "그동안 고객에게 더 나은 운송 솔루션을 제공하고자 창의적이고 혁신적인 기술력을 갈고닦은 결실"이라고 설명했다.

최근 TKE는 엘리베이터뿐만 아니라 유지보수 솔루션 개발에도 힘을 쏟고 있다. 마이크로소프트사와의 기술 제휴로 빅데이터와 실시간 원격 제어를 활용해 개발한 고장 예측·원격 유지관리 솔루션 '맥스'가 대표적인 사례다. 맥스는 실시간 운행 감시와 고장 이력 데이터를 분석해 사고를 예방하는 기술로, 엘리베이터 고장률을 50% 줄여준다는 게 TKE의 설명이다.

TKE 관계자는 "TKE는 국내 엘리베이터 기업 중 가장 오랜 역사를 자랑하는 곳으로, 항상 효율적이고 혁신적인 제품으로 고객 요구 사항에 맞는 서비스를 제공해왔다"며 "최근 사명 변경 등을 거치면서 줄어든 회사 인지도를 끌어올리고, 엘리베이터 전문기업으로서 혁신 기술과 솔루션으로 시장 변화에 발 빠르게 대응하겠다"고 말했다.

더불어 TKE는 최근 첫 번째 '지속가능성 보고서'(Sustainability Report)를 발표하고 ESG(환경·사회·지배 구조) 경영 가속화를 목표로 내걸기도 했다. TKE는 이를 통해 오는 2030년까지 자체 사업활동(Scope 1·2)에서 발생하는 온실가스를 2021년 대비 53% 줄이고 공급망(Scope 3)에 따른 온실가스 배출도 23% 감축하겠다는 목표를 제시했다.

(출처 : 이데일리 2022년 7월 2일자)

저자소견

과거 일일이 직접하던 수작업을 로봇이 대부분 대신하고 있다며 현재 엘리베이터의 양쪽 문을 기준으로 월 6,500세트로 생산성이 높아졌다. 그리고 지상 157m, 약 40층 높이의 테스트 타워는 다양한 용량·목적의 엘리베이터 실험을 위해 제작된 곳으로, 총 8개의 승강로에서 최대 14대의 엘리베이터가 동시에 시험을 벌일 수 있는 것이 특징이다.

국내 중소기업에서 스마트팩토리를
추진하는 현황은 이렇다

국부·고용·혁신의 원천적인 역할을 수행하고 있는 국내 제조업은 급속한 대내·외적인 환경 변화에 따라 경쟁력을 강화시키기 위해서는 새로운 발전 전략을 수립할 시점이 되었다.

국내 제조업은 기술 경쟁력보다 가격 경쟁력에 기반을 두고 있어, 경쟁 심화와 외부 경제 변화에 취약하며, 이는 국내 제조업의 위기로 다가오고 있다. 또한, 에너지·환경 문제, 고령화에 따른 일자리 문제, 작업환경 문제, 근무시간의 단축 문제 등을 극복하기 위한 능동적인 대응 방안이 시급하다.

현재 세계 각국은 침체된 자국의 제조업을 부흥하기 위한 정책을 추진 중에 있으며, 특히 제조업용 로봇을 도입함으로써 긍정적 효과를 바탕으로 로봇 활용을 촉진하는 다양한 정책을 추진 중에 있다.

국내 대기업은 자체 생산기술연구소 등을 보유하고 있어 각 생산라인에서 요구하는 로봇생산자동화의 핵심기술을 축적해왔다. 대부분 중소기업에서는 생산기술을 담당하는 엔지니어들이 없어 고부가가치라 볼 수 있는 제조용 로봇을 다루는 기술을 확보하는 데는 한계가 있어 중소기업에선 로봇을 보급하고 확산하는 것이 원활하지 않다. 이에, 기업을 혁신하기 위한 공정 분석을 통한 개선사항을 도출하거나, 생산성을 향상시키기 위한 방안, 비용 절감 등 로봇엔지니어링 관련 컨설팅의 지원이 무엇보다 절실하다.

중소기업의 제조 현장에서의 로봇 도입과 제조 공정의 스마트화는 제조업의 체질 개선을 유도하여 국가 제조업의 역량을 강화하는데 크게 기여할 것이다.

향후 세계 최고 수준의 로봇자동화로 중소기업의 강국을 실현하고, 히든 챔피언 기업을 육성하여 생산성을 향상시키는 기반을 구축하는데 원동력이 될 것이다.

中企, 폐업이냐 자동화냐 선택 기로에, 궁하면 통한다

3高에 3苦… 벼랑 끝 몰린 中企
"달러 환율이 계속 오르면서 펄프값이 연초보다 50~60% 뛰었다. 펄프가 너무 올라 세 달째 수입을 중단했다. 화장지 제조업을 중단할까 고민 중이다." _수도권 화장지 제조사 A 대표

"목재 수입 가격이 올 1월보다 40% 이상 올랐다. 목재를 공급받는 가구회사는 급등한 목재 수입 가격을 반영해 주지 않고 있

다. 납품 계약이 연간 단위여서 적자만 쌓이고 있다. 공장을 계속 돌려야 하나 싶다." _출처 : 서울신문, 2022년 10월 3일자 내용 일부

한 중소제조기업 대표가 지금 회사 문을 닫게 되었다고 애원하는 컨설팅 의뢰가 들어왔다. 얼마나 절실했으면 저자가 중소기업 연수원에 강의하는 장소에 미리 와서 기다리고 있다가 강의가 끝나자마자 곧바로 대표이사가 나를 픽업했다.

이 회사는 현재 자동차용 하우징을 만들고 있으며, 현대기아자동차 협력회사 중의 하나였다. 임직원 80명이 근무하고 있었다. 막상 제조 현장을 보니 작업자에 의한 제품 공급, 취출, 사상 등 대부분 수작업이었다. 이렇게 제품을 만들면 영업이익이 2~3% 나오지 않겠냐고 대표이사한테 질문을 하니 "맞다"고 했다. 그리고 직원이 퇴사하면, 회사 소재지가 경남 시골이라 사람 구하기가 쉽지 않다고 했다.

이 직원들 중 지게차 운전자만 10명으로, 이에 대한 대안은 결국 로봇자동화를 구축하는 것이었다. 즉 개선안은 사용기계들을 양쪽으로 일렬 배치하고 가운데에는 레일을 깔아 로봇(캔트리, 6축, 비전)으로 좌우 이동하면서 로딩·언로딩을 자동으로 하고 모델 교체하면 로봇암인 그리퍼가 30초 안에 툴 체이지시켜 가동율을 높이고 나무 팔레트도 로봇이 이동 작업을 하는 것이다.

그렇게 자동화 투자를 하니, 총인원 80명이 18명으로 감소가 되어 제조원가 줄으니 영업이익율은 높아졌다. 대부분은 남은 인력은 경남대 출신 작업자로 대기업 수준의 임금(50백만원 이상/인당)

◘ 컨베어 라인에서 제품을 수동으로 조립하는 모습

을 지급하니 퇴사하지 않는다고 한다.

중소제조기업의 스마트팩토리 구축은 인원이 줄지 않으면, 어느 회사가 하겠습니까? 목적은 회사의 파이를 키워 고객오더를 더 받아 라인 증설로 작업자 인원 수를 늘리는 것이다.

中企 외주가공비 인상으로 사내 제작으로 코스트 다운 검토해야

Y社는 CNC 가공기계로 로봇자동화를 구축함으로써 무인가공하고자 한다는 의뢰를 저자한테 했다.

제조원가는 크게 원자재비, 인건비(인건비), 제조원가(아웃소싱 처리비, 소모품비, 유틸리티비 등)의 세 가지로 나눌 수 있다. 이 세 가지 항목을 줄이는 것은 비용 절감으로 직접 이어지는 요소다.

그러나 비용을 절감하는 데는 여러 가지 어려운 점이 있다. 인력 감축은 품질 저하 및 배송 지연으로 이어질 수 있다. 또한 구매 가격의 인하를 강요할 경우 수년 동안 쌓아 온 공급업체 및 하청 업체와의 신뢰 관계를 파괴할 수도 있다.

기존 생산시스템을 유지하면서 제조비용을 절감하기 위해서는 단순히 비용을 절감하는 것이 아니라 다양한 문제점을 분석하고 발생한 문제점을 해결해야 한다.

아웃소싱 처리의 기본 개념은 자체 생산 능력을 평가한 후 "사내에서 부족한 것을 보완"하는 것이므로 여유 용량이 있고 사내에서 생산할 수 있는 것은 하청업체에 의존하면 제조비용이 증가한다. 과거에는 생산이 제 시간에 완료되지 않아 하청업체에서 주문한 제품이 회사 내에 여유 용량이 있음에도 불구하고 여전히 "관성"에 의해 주문되는 경우가 있다.

이 아웃소싱 처리 비용을 줄이기 위한 첫 번째 단계는 자체 생산과 아웃소싱의 구분을 명확히 하는 것이다. 내부 인력과 기계 및 장비의 기능을 검토하여 생산할 수 있는 항목(제품, 처리 유형 등)과 범위(생산 횟수, 리드 타임 등)를 명확히 한다. 그러나 사내 생산 능력을 파악하는 것은 쉽지 않다. 작업자가 기계 및 설비를 완전히 사용하고 있는지, 재료 및 시간 손실을 제거할 수 있는지의 여부 및 생산 능력에 영향을 미치는 기타 요인. 진정한 생산능력 등을 측정하는 첫 번째 단계로, 생산 현장의 느낌과 직관에 의존하기보다는 정기적으로 수치 데이터를 수집하는 것으로 시작해야 한다.

그러나 각 작업을 자세히 검토하는 대신 누가, 언제, 어떤 기계 및 설비로, 얼마나 많이 생산했는지에 대한 간단한 작업 기록을 수집하는 것으로 시작할 수 있다. 생산 데이터를 지속적으로 기록하고 축적하는 습관을 들이면 실제 수치 변화를 보면 진정한 생산 능력이 드러날 것이다. 이를 정량화하여 수집된 객관적인 데이터는 느낌 및 직관과 다를 수 있다.

회사의 생산 능력을 철저히 확인한 후 회사 내에서 할 수 있는 것과 할 수 없는 것을 명확히 해야 한다.

사내 생산 및 아웃소싱의 범위를 명확히한다면, 아웃소싱 주문 비용의 낭비를 제거할 수 있다.

◘ CNC 가공의 로봇자동화로 무인가공하는 모습

도금 취약공정의 문제 해결은 로봇이 정답이다

도금 부품의 작업자동화의 첫 번째 단계는 물체를 올바르게 인식하는 것이다. 도금된 부품과 같은 가벼운 물체의 취급을 자동화하는 것은 불가능하다. 이는 이미징 자체가 어렵고 부품을 인식할 수 없었기 때문이다. 그래서 AI 인식 기술을 사용하여 도금된 부품뿐만 아니라 투명 부품, 검은 부품 및 이미징하기 어렵다고 하는 기타 물체를 해결하는 것이다.

또한 과거의 표면처리 기술은 도금장치 및 기술 수준이 열악하여 수작업으로 작업하였으나, 현재는 도금 기술의 향상과 도금장치의 기술 개발로 반자동 또는 전자동 작업이 되는 동시에 모든 제품이 응용되고 제품의 가치를 한층 높일 수 있다.

오늘은 지인 소개로 PCB 제조회사를 방문해서 보틀렉 공정인 도금 라인의 제조 현장을 보았다.

현장에서 도금 라인은 반자동 라인 1라인, 자동 라인 2라인을 8시간 3교대로 15명으로 운영되고 있으며 A3사이즈 정도의 양면 PCB는 T/Time이 30초 가량 되었고 제품 로딩·언로딩은 전용 장치로 작업을 하고 있었다.

놀라운 것은 도금에 쓰는 銅Ball, 야구공보다 1/2 정도 크기에 무게는 제법 1.5kg 정도로 황도금 라인의 캐리어가 이동하는 사이 4줄로 연결된 라인 캐리어에 바스켓 모양의 형상을 작업자가 도금설비 사이로 손을 뻗으면서 넣고 있었고, 한 줄은 손이 닿지 않아 반대편에 가서 넣는 3D 공정(위험하고 어렵고 힘들고)으로 안전상에도 문제가 있었다. 즉, 작업자가 안심하고 일할 수 있는 안전한 환경 조성에 위배되고 있었다.

또 하나는 유산동 반자동 도금 라인에서는 안전펜스를 뛰어 넘어서 캐리어가 이동하는 위치에서 銅Ball을 넣고 있었다.

이에 대한 개선 방안은 銅Ball을 피더에서 1개씩 분리하여 직교좌표로봇 그리퍼가 척킹하여 4줄 라인으로 점차 이동하면서 자동공급되게 하고, 아울러 양면 PCB 로딩·언로딩 수작업에 의존했던 것도 자동으로 하는 것이다.

3D 공정인 銅Ball 자동공급장치를 도입함으로써 도금의 품질을 안정시키고 노동력을 절약하며 생산성을 향상시킬 수 있다. 그리고 銅Ball이 순차적으로 도금조에 들어가지만 도금 두께를 유지하려면, 구리 농도의 변화도 그래픽 등으로 모니터링해 피드백받을 필요도 있지 않을까 생각한다.

🔹 도금 라인의 문제점을 듣고 있는 저자의 모습

◘ 중소기업기술정보진흥원에서 스마트제조혁신 강의를 하고 있는 저자 모습

위험한 작업과 공정이 존재시 생산성과 사람을 동시에 개선시킨다

생산성을 높인다. 그것은 모든 제조업에서 영원한 주제이다.

그리고 제조공장에는 생산성 향상을 위한 과제가 많이 존재한다. 공장에의 로봇 도입에 의한 작업자동화는 이러한 과제의 해결책으로서 주목을 받고 있다. 그러나 제조업이라고 해도, 공장에 의해 취급하는 제품은 다종다양. 작업환경은 각각 다르고, 안고 있는 과제도 천차만별이다. 로봇에 의한 작업자동화는 만능이 아니기 때문에, 모든 과제는 해결할 수 없다.

그렇다면 로봇은 어떤 문제를 해결할 수 있을까?

'힘든', '더러운', '위험한'의 이니셜을 취한 '3D'라는 단어로 대표되는 바와 같이, 제조업 공장에서는 그 작업 환경도 과제이다. 위험한 현장에서 사람에 의한 작업을 실시하는 경우, 안전 확인 등의 공정이 발생해, 생산성 향상의 병목이 되고 있는 경우가 있다.

실내 온도가 높거나, 높은 곳에서 작업이 필요한 공장에서는 사람의 안전을 보장하는 데 많은 비용이 든다. 고온에 의한 열사병을 피하기 위해 자주 휴식을 취하거나 고소의 안전을 확보하기 위해 특별한 장비와 점검이 필요하게 된다. 이러한 비용은 사람의 생명을 포함하기 때문에 공수 감소가 매우 어렵다.

그러나 로봇이라면 가혹한 작업 현장에서도 24시간 지속적으로 가동할 수 있어 생산성 향상이 가능하다. 또한 가혹한 작업을 로봇에 맡기면, 사람은 유지보수 등의 작업을 하면 된다. 이것은 제조 현장에 큰 장점이다. 왜냐하면 노동 환경의 가혹함은 제조업의 큰 과제인 '인력 부족'에도 깊게 관련되기 때문이다.

'제조공장은 가혹하다'는 선입관이 있어 공장에서 일하고 싶다는 젊은이들은 점차 줄어들고 있다. 그러나 로봇을 도입함으로써 가혹한 작업환경을 개선할 수만 있다면, 새로운 인재 확보로 쉽게 될 가능성이 있다.

◘ 3D 공정을 수작업으로 용접하고 있는 작업자 모습

지능형 공장의 구축을 위한
산업용 제조로봇의 역할은 중요하다

산업용 제조로봇의 패러다임이 변화하고 있다. 기존에는 자동차 생산라인과 같이 유형화되고 체계화된 공정을 중심으로 로봇에 의한 자동화가 이루어졌다.

최근 중국 등의 주요 공장지역 국가의 인건비가 급격히 증가함에 따라 로봇에 의한 자동화 필요성이 크게 대두되고 있다. 특히 전자산업의 특성상 제품의 수명주기가 매우 짧고, 다품종변량 생산으로 변화하는 추세에 생산시스템의 유연성이 중요해지고 있다. 따라서 제조공정상에서 유형화나 체계화되지 않은 공정이나, 인간과 로봇의 협동생산에 의한 유연한 생산시스템 등을 개발하는데 집중해야 한다.

산업 전반적으로 지능형 로봇의 성장이 요구되고 있어, 장기적인 전략을 수립하여 학계와 기업 간의 긴밀한 협력이 필요한 실정이다. 무엇보다 우리나라가 강한 분야에서 원천적 기술력을 확보하고 틈새시장을 공략하고 선점하는데 집중해야 할 것이다. 결과적으로는 선진국과의 기술 격차를 줄여야 할 것이다. 특히 우리나라의 로봇산업에서는 해외 의존도가 가장 높은 로봇의 핵심부품을 중심으로 기술 개발이 시급히 이루어져야 한다. 또한 부품의 내재화로 로봇 완제품의 가격 경쟁력을 강화해야 할 것이다.

산업용 로봇의 기술 동향이다

4차산업혁명에서 스마트팩토리를 3단계의 자동화로 정의하고 있다. 즉 제품의 데이터를 실시간으로 수집하고, IT 기술로 연결하는 '정보자동화', 데이터 기반의 생산/분석자동화인 '생산자동화', 공장이 알아서 움직일 수 있도록 스스로 제어를 통해 운영을 최적화하는 '제조지능화'이다. 여기서 핵심은 로봇이다.

로봇으로 인해 생산성은 향상되고, 매출이 증대되는 등의 파급되는 효과는 크다. 따라서 로봇을 도입함으로써 효과가 큰 중소기업을 선정하는 기준 마련이 절실하다. 사실 국내 중소기업에서는 생산성의 향상에 있어서 애로사항을 겪고 있다. 예컨대 로봇자동화, 기술 개발, 생산 공정 개선 등의 필요성은 인지하고 있으나, 자금, 기술 부족 등의 문제로 자체 추진에 한계가 있다.

산업계에서 로봇 기술을 채택하는 기업이 빠르게 늘고 있다. 주요 로봇기업의 연평균 성장률은 지난 몇 년간 자동차업계에서의 연평균 성장률의 2배 이상이라는 조사 결과도 나오고 있다.

최근에는 산업용 사물인터넷이 적용돼 공정 데이터를 실시간으로 수집·분석하고 데이터에 기반한 의사 결정이 이루어짐으로써 생산성을 극대화하고 있다.

스마트팩토리의 핵심 기술인 물류로봇, 협동로봇 등의 산업용 로봇이 더욱 지능화되면서 산업 현장에서의 활용 영역이 더욱 확대되고 있다. 또한 소프트웨어 및 보안 기술의 적용을 통해 로봇 산업은 미래 산업 혁신을 주도할 것이다.

다양한 기능 수행이 가능하고 인공지능이 적용된 로봇들이 향후 산업자동화 및 스마트팩토리의 각 영역에 활발하게 적용될 것으로 전망되며 중소기업에 적용할 수 있는 로봇 개발도 시장을 달굴 요인으로 예측된다. 또한 데이터 수집에 특화되고 공간 및 에너지 절약형으로 기존 로봇의 형태를 탈피한 로봇들도 등장할 것으로 보인다.

국내 로봇 시장의 규모는 다품종소량 생산의 증가, 높은 인건비, 품질 향상에 대한 높은 의지 등과 맞물려 향후에도 지속적으로 급성장할 것으로 예상된다. 또한 스마트팩토리는 수작업으로 생산하고 있는 뿌리산업을 중심으로 전개되고 있고, 자동화에 접근이 용이한 로봇시장의 성장을 견인할 것으로 전망된다.

중소제조업계의 인력난,
로봇자동화로 뚫어야 한다

중소제조업체가 직면한 중요한 문제 중의 하나는 노동력 부족이다. 특히 직원 100명 이하인 경우가 더 그렇다.

노동력 부족은 숙련 노동자의 고령화, 개인에 대한 일의 의존도, 젊은 근로자의 유지율 악화, 퇴직률의 증가, 신규 고용 지원자의 감소 등과 같은 심각한 상황이 되고 있다.

이러한 배경에서 로봇은 중소기업에서 어떤 역할을 할 것인가? 중소제조산업에서 로봇의 역할에 관한 세 가지 주요 사항들이 있다.

❶ 인적 노동을 대체하여 생산성 향상, 노동력 절감
❷ 숙련된 작업자를 고부가가치 업무로 재배치
❸ 젊은 엔지니어 육성을 통한 기업 성장

이때 가장 중요한 것은 ❶ 생산성 향상, 노동력 절감이다. 이를 위해서는 숫자로 비용 편익을 확실하게 추정하고 도입 효과를 확인해야 한다. 또한 중소제조산업에서는 고혼합소량 생산이 일반적이기 때문에 단일 로봇시스템이 다양한 제품을 처리할 수 있는 방법도 중요한 포인트다.

월 수만 대를 생산하는 자동차 부품 양산라인 등의 공정에서는 단일 제품을 지원한다는 장점이 크지만, 동일한 기계로 월 100여 종의 제품을 생산하는 혼합이 많고 소량 생산되는 작은 공장에서는 다양한 제품(고수익)을 지원하기 위해 하나의 로봇시스템(저투자)이 필요하기 때문에 작업 개선, 작업 방식이나 설비 배치의 변경 등 다양한 것들이 있다. 이러한 개선과 함께 로봇의 도입을 고려할 필요가 있다.

다음은 ❷ 숙련된 근로자를 고부가가치 업무로 재배치하고, ❸ 젊은 엔지니어 육성을 통한 회사의 성장이다.

위에서 언급했듯이 생산성이 향상되고 원하는 인건비가 실현되더라도 현재 작업자를 퇴사시킨다는 것은 불가능하다. 그래서 로봇에 의해 해방된 숙련된 작업자는 더 높은 부가가치의 작업으로 재배치시켜야 한다.

중소기업이 잘하는 "장인 정신"

중소기업으로서의 강점(기술력)을 살려 로봇이 할 수 있고 인간만이 할 수 있는 일을 인간과 같은 방식으로 분담하여 납품 시간이 짧은 고품질의 제품을 제공하는 전략이다.

이제 젊은 엔지니어의 부족은 중소기업에서 심각한 문제이다.

그들은 회사에 입사한 지 반년도 채 안 되어 그만둬서 이에 대한 해결책으로 대우를 개선하지만, 다음 젊은 직원을 고용하더라도 같은 방식으로 그만두고 젊은이들이 육성되지 않기 때문에 새로운 시스템을 처리할 수 있는 사람도 없고 유지할 수 있는 사람도 없고 새로운 기술을 도입할 여유가 없다.

그래서 중소제조업에서의 로봇을 도입하는 열쇠는 젊은이들을 로봇 등 최신 기술의 운영자 및 기술 인력으로 고용하고 "보람"과 "목표와 목적"을 가지고 일하게 하는 분위기를 조성함으로써 자기 자신뿐만 아니라 회사도 성장할 수 있도록 만드는 것이다.

◘ 모니터로 부품 용접 상태를 확인하는 모습

일본에서의 로봇 현황을 알아보다

저출산, 고령화, 노동인구의 감소가 진행되는 일본에서 로봇 기술은 이 문제를 해결하고, '생산성의 향상'이라는 과제를 해결할 가능성을 갖고 있다.

지난번 일본경제재생본부의 '로봇 신전략'에서는 로봇 혁명의 실현을 위해, '일본이 세계 최고로 로봇을 활용하는 사회를 만드는 것'을 목적으로 하고, '일본 재흥 전략'에서는 4차산업혁명을 추진해 중소기업에 그 효과를 파급시키기 위한 구체적인 시책 중의 하나로 '중소기업에 로봇 도입 촉진'을 들었다. 향후 소형 범용 로봇의 도입 비용을 20% 삭감하는 것을 구체적인 목표로 세웠다.

로봇 도입은 모든 작업을 로봇으로 대체하는 것이 아니라 작업량이나 작업의 복잡도(품종, 변경 빈도, 난이도) 등에 따라 기존 전용기나 사람과 같이 작업이 해야 할 필요가 있다. 또한 경제산업성의 '로봇기술도입 사례집'에 따르면, 로봇 도입을 성공시키는 포인트 3가지가 있다.

첫째는 비용 대비 효과에 대한 다면적인 검토이다. 일반적으로 로봇은 고가이며, 그 효과는 무인화, 생산성의 향상이지만, 스페이스의 절감이나 품질의 향상, 작업 개선과 같은 관점까지 포함해 여러 가지 면에서 검토하는 것이 중요하다.

둘째는 공정의 재설계에 의한 도입 효과의 향상이다. 도입 효과를 최대화하기 위해 전용 설비나 사람의 작업을 단순히 바꿀 뿐만 아니라 주변 장치나 전후의 공정, 생산 계획 등의 공정을 재검토하는 것이 중요하다.

셋째는 전체 설계와 시스템 인티그레이터(Integrator)의 활용이다. 로봇이나 생산공정에 정통한 전문가에 의해 로봇을 사용하는 측의 니즈와 로봇을 사용하기 위한 시스템을 분석해 공정 전체를 재설계하고 시스템화를 추진하는 것이 중요해진다.

일본의 '로봇도입 실증사업' 내용을 알고 싶으면, 저자에게 메일 주소(leenameun00@naver.com)나 전화(010-2313-4100)로 요청하시면 자료를 보내드립니다.

로봇에 의한 자동화와 IoT를 최대한 활용하여 24시간 365일 논스톱 생산시스템을 실현한 일본 사례

플라스틱 사출 성형 제품 가공 제조업체 Tsuchiya Gosei Co., Ltd.(군마현 도미오카시)는 필기 용구, 통신에 없어서는 안될 커넥터 부품, 카메라 렌즈

부품 및 기어 부품을 포함한 다양한 플라스틱 제품의 대량 생산에 종사하고 있다. 주요 제품은 볼펜을 중심으로 한 필기구 케이스로, 볼펜임에도 불구하고 고객이 요구하는 정확도가 매우 높고 검사되는 부품이 많다.

약 20년 전, 해외로 일이 흘러가기 시작했고, 일본에서 양산 공장을 유지하는데 있어 회사의 과제는 노동력 절약이었다. 그는 밤과 휴일에 공장을 둘러봐야 했고, 경영자는 사람이 없을 때 공장을 돌아 다녀야 했다. 또한 성형부품을 그대로 고객의 생산 라인에 세팅할 수 있도록 같은 방향으로 박스에 넣어야 했고, 검사 공정뿐만 아니라 포장 및 포장에도 많은 인력이 필요했다. 사출 성형 산업을 장비로 차별화하기가 어렵기 때문에 노동 집약적인 간단한 작업을 주변에서 철저히 자동화하면 차별화와 이익으로 이어질 것이라고 결론지었다.

이러한 상황에서 일찍부터 로봇을 도입하기 시작했고, 10년 전에는 이미 공장에 LAN을 배치하고 태블릿을 이용해 공장 내 장비의 작동 상태를 한눈에 볼 수 있는 시스템을 구축했다. 네트워크 카메라를 이용하여 어디서든 성형기의 작동 상태를 확인할 수 있어 문제에 신속하게 대응할 수 있다.

현재 로봇은 스토커 및 기타 상자를 성형, 디버링 및 포장한 후 부품을 제거하는 일련의 작업을 수행할 수 있다. 기존에는 불량품은 모두 성형 후 사람이 검사했지만, 영상인식 로봇으로 교체해 성형 직후 불량제품을 격퇴할 수 있게 됐고, 박스부터 포장까지 모든 것을 완성할 수 있다.

또한 생산 결과의 기록을 수작업으로 보관하지 않고 모든 기록을 서버의 데이터로 관리하기 위해 바코드 판독과 간단한 수치 입력 기능을 결합한 핸디단말기를 도입하고 제품 포장 상자에 생산 품목 및 생산 번호를 첨부하여 생산 진행 상황에 대한 바코드 관리로 전환했다.

앞으로는 센서를 사용하여 성형 중에 수지가 주입되는 압력의 파형을 측정하고 정상 파형에서 벗어난 경우 경고를 발행할 계획이다. 수지를 강하게 삽입하면 버가 발생하고 천천히 삽입하면 중간에 경화된다. 취급되는 재료의

◘ 고속 멀티카메라 이미지 처리 인식 로봇시스템

변화, 금형의 열화 등 다양한 요인이 수지의 압력에 영향을 미치기 때문에 파형을 모니터링하여 성형 후 검사 공정이 아닌 성형시 제작 단계에서 결함을 제거할 수 있다.

베테랑 장인의 공연을 자동으로 녹음하는 것도 생각하고 있다. 기계가 오작동했을 때 베테랑들이 프로그램을 어떻게 미세 조정했는지 이야기하기는 어렵지만, 고장 발생 시 베테랑이 프로그램을 어떻게 다시 프로그래밍했는 지에 대한 기록을 데이터로 수집할 수 있다면 이러한 경험을 바탕으로 향후 프로그램을 자동으로 수정할 수 있을 것이다. 베테랑들이 자신의 노하우 공유를 꺼려도 데이터로 입수하면 숨길 수 없어 조직과 공유하게 된다. 회사는 이러한 시스템을 신속하게 구축함으로써 비즈니스 성과를 크게 향상시킬 것으로 기대한다.

(출처 : 일본 츠치야 고세이(주) 논스톱 생산 성공사례 2020년 12월)

저자소견_

로봇은 스토커 및 기타 상자를 성형, 디버링 및 포장한 후 부품을 제거하는 일련의 작업을 수행할 수 있다. 또한 생산 결과의 기록을 수작업으로 보관하지 않고 모든 기록을 서버의 데이터로 관리하므로 24시간 논스톱 생산이 가능하다.

직원 10명이 로봇 10대를 도입한 중소 제조업에 로봇을 도입한 성공적인 일본 사례

이 칼럼에서는 중소 제조업체의 놀라운 성공 사례에 대해 설명한다.
직원이 10명에 불과하고 "10대의 로봇이 활동"하는 제조업의 A사이다.
일반적으로 상식은 제조업의 직원 10명이 완전한 중소 공장이라는 것이다.
그리고 이렇게 작은 제조 현장에서는 50대~60대의 베테랑 장인이 숙련된 기술을 최대한 활용하여 다년간의 경험과 직관력으로 물건을 만드는 이미지를 가질 수 있다.
정중하게 만들어진 장인 정신에 의해 "아날로그 느낌"이 넘치는 세계의 이미지가 있으며, 대부분의 사람들은 로봇과는 거리가 먼 세계라고 생각한다.
그러나 A사는 그 이미지와 완전히 다르다.
A사에는 20~30대 청년들이 많이 근무하고 있으며, 현장 직원 전원이 로봇 조작이 가능하다.
그들은 당연히 디지털과 접촉하고 사용하는 "디지털 네이티브 세대"이다.
10명 모두 3D CAD에서 로봇을 조작하여 로봇 입력 데이터, 로봇 프로그래밍, 로봇 제어, 로봇 작동, 로봇 프로그램 유지 관리까지 생성한다. 또한

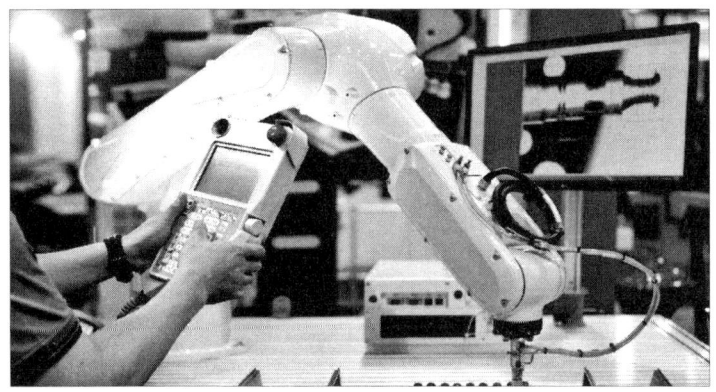

🔹 현장 작업자가 로봇을 조작하고 있는 모습

공장 내부의 레이아웃도 독특하다. 일반적으로 숙련된 장인의 분야에서는 숙련된 사람(인간)이 쉽게 움직일 수 있도록 레이아웃이 결정된다.

아이디어는 완전히 반대이며 레이아웃은 로봇을 기반으로 하므로 쉽게 움직일 수 있고 (그리고 적극적인 역할을 할 수 있음) 인간이 주변에 붙어 있다.

그건 그렇고, 우리가 로봇이 하는 일은 실제로 고정밀 및 고품질 가공이다. 일반적으로 로봇 사용에 대해 이야기할 때 누구나 몇 시간 동안 할 수 있는 간단하고 간단한 작업을 단순히 반복하는 이미지가 있을 수 있다.

하지만 A사에서는 장인도 할 수 없는 가공 방법의 데이터를 분석하여 디지털 프로그램으로 만들어 로봇이 학습하고 움직이게 한다.

아날로그 장인 정신이 아니라 고급 "디지털 제어 기술"이다. 그 결과 A사의 로봇만이 할 수 있는 기술이 있는데, 차별화를 거듭하고 경쟁사를 능가하는 것으로 보인다.

로봇이 싸게 만들 수 있다는 것이 아니라 로봇이 고품질의 제품을 높은 수익으로 만들 수 있다는 것이다.

오히려 로봇화는 숙련된 기술과 인간 기술을 기반으로 한다.

장인의 아날로그 기술로 장인 정신을 습득하는데 10~20년이 걸릴 수 있다. 그러나 디지털 네이티브 세대의 경우 디지털 프로그래밍 자체는 1~2년 안에 학습하게 된다. 그리고 디지털 프로그래밍을 선호하는 사람들은 기꺼이 일할 것이다. 로봇을 활용하면 인적 자원 활성화가 가능하고, 실제로 인재 채용이 더 쉬워진다.

(출처 : 일본 Factory AI & Robot.com 컨설턴트 칼럼 2021년 12월 6일자)

저자소견

A사에는 20~30대 청년들이 많이 근무하고 있는데, 이들은 "디지털 네이티브 세대"로 모두 3D CAD에서 로봇 입력 데이터, 로봇 프로그래밍, 로봇 제어, 로봇 작동, 로봇 프로그램 유지 관리까지 하고 있다. 또한 공장 내부의 레이아웃도 독특하다.

후지, 로보셀 SW-BA 커넥터 및 리드 부품의 보드 장착 자동화 일본 사례

후지는 공장의 다양한 공정을 자동화하는 소형 다관절로봇의 SmartWing 시리즈 중 하나로서, 기판 조립 공정에 필요한 기능을 패키징한 SW-BA 로보셀을 개발하고 있다.

전자 기판에 전자 부품의 표면 실장은 칩 마운터 등으로 자동화되고 있지만, 커넥터 및 알루미늄 전해 커패시터와 같은 불규칙한 모양의 리드 부품을 취급하기 위한 삽입 공정은 공급 포장이 느슨하고 실장 부품 수가 적기 때문에 주로 수동 작업이다.

반면 SW-BA는 6kg을 운반할 수 있다. 작동 범위가 700㎜인 SCARA 로봇과 두 가지 유형의 비전 시스템이 비용과 유용성을 고려하여 결합 및 패키징되었다. 많은 수의 장치가 표준으로 준비되며 다양한 부품을 선택하여 간단히 수용할 수 있다.

또한 포장된 상태에서 헐거운 부품과 간단한 트레이를 공급할 수 있어 자동 삽입이 가능하다. 누구나 제작 프로그램 설계, 숫자 값 입력, 직관적인 GUI 작성 등의 도구를 사용하여 제작 프로그램을 쉽게 만들 수 있다. 셀 기반이

◘ 콘덴서를 PCB 보드에 자동 장착하는 로봇자동화시스템

기 때문에 수평 배포가 용이하여 장비를 쉽게 시작, 재배치 및 다른 공장에 배치할 수 있다.

SW-BA는 후지의 SmartWing 시리즈 중 하나로 공장의 다양한 공정을 자동화하는 소형 다관절로봇으로, 보드 조립 공정에 필요한 기능을 패키징한 로보셀이다.

자동차 및 가전 제품에 사용되는 전자 보드는 "부품 수용 ⇒ 표면 실장 공정 ⇒ 삽입 공정 ⇒ 조립 및 포장 공정"을 통해 출하된다. (아래 그림 참조)

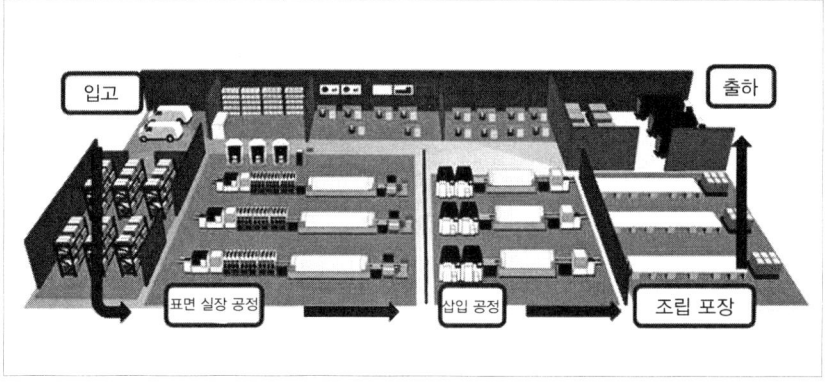

■ 일본 후지전자 보드의 공정 레이아웃

이러한 공정 중 표면 실장 공정의 자동화는 실장 기계(칩 마운터) 및 주변 장비의 진화로 인해 눈에 띄게 진행되고 있다.

그러나 커넥터 및 알루미늄 전해 커패시터와 같은 불규칙한 모양의 리드 부품을 처리하기 위한 삽입 공정은 공급 포장이 느슨하고 실장 부품 수가 적기 때문에 여전히 수동으로 수행되며 품질 및 생산성이 문제이다.

SW-BA는 많은 고객이 가지고 있는 삽입 공정의 품질 및 생산성 문제를 해결하기 위해 SCARA 로봇과 비전시스템을 패키징하고 비용과 사용성을 고려한다.

SW-BA의 주요 기능은 다음과 같다.
- 다양한 구성 요소를 수용할 수 있는 표준 주변 장치를 선택하기만 하면 된다.
- 포장 스타일을 변경하지 않고 느슨한 부품과 간단한 트레이에서 공급할 수 있다.
- 누구나 쉽게 만들 수 있는 수치 입력과 직관적인 GUI를 통해 누구나 쉽게 제작 프로그램을 만들 수 있다.
- ROBO CELL 구조는 장비를 쉽게 시동, 재배치 및 다른 공장에 배치할 수 있도록 한다.
- SW-BA의 플랫폼 부분은 기반하중 6kg, 작동 범위 700mm의 SCARA 로봇, 로봇 팔 끝에 부착된 핸드 카메라, 베이스에 부착된 작업 카메라의 두 가지 유형의 부품 인식 카메라로 구성된다.

(출처 : 일본오토메이션신문 2022년 9월 15일자)

저자소개_

핸드 카메라는 보드의 삽입 위치와 제공된 부품의 픽업 위치를 인식하고 작업 카메라는 바닥면에서 부품을 인식하여 부품 모양, 삽입 핀 위치 및 피치, 부품 극성을 인식한다. 이 두 카메라에서 얻은 화상 인식 정보를 로봇 암과 연결하는 보정 기술은 정밀도가 필요한 삽입 작업의 자동화를 실현한다. 또한 많은 수의 주변 장치가 표준으로 준비되고, 대상 삽입부에 따라 각 장치를 선택하기만 하면 장치를 시스템 업그레이드할 수 있다.

인간의 작업 대체, JAE 산업이 로봇 도입에 미치는 영향 일본 사례

얼마 전 일본 JAE는 아키시마 공장(도쿄 아키시마시)의 산업용 장비용 커넥터 조립 공정에 협동로봇을 도입했다. 우리는 제품 품질을 향상시키고 사람들의 작업 스타일을 변화시키는 효과를 느끼고 있다. 이 회사는 인간의 작업을 로봇으로 대체하는 어려움을 잘 알고 있으며 로봇을 개선하고 다양한 프로세스에 통합했다. 앞으로 해외 기지에 로봇을 배치할 계획이다.

"로봇을 도입하기 전에 준비 단계에서 어려움을 겪었다."

커넥터 사업부의 생산 엔지니어링 부서장인 타니구치 슌스케(Shunsuke Taniguchi)가 뒤를 돌아본다. 로봇을 움직이기 위해서는 프로그래밍이 필요하며, 사람과 협업할 때 인간의 움직임도 정량화하여 프로그램에 통합해야 한다. 그곳에서 우리는 인간의 움직임을 비디오로 촬영했다. 커넥터를 들어 올리는 속도는 숫자 값으로 볼 수 있도록 측정된다.

'13년 카와다 로보틱스의 휴머노이드 협동 로봇 "Nextage"가 원형 커넥터 조립 라인에 도입되었다. 흐름은 절연체(절연체)를 쉘(외부 케이스)에 삽입하고 접점(단자)을 삽입하고 링을 부착하는 것이다.

Nextage가 도입된 후에도 로봇이 할 수 있는 프로세스와 할 수 없는 프로세스를 파악하면서 경험을 쌓았고, 원형 커넥터보다 큰 커넥터를 처리할 수 있게 되었다. '16년에는 쌍팔로봇', '18년에는 유니버셜로봇', 'UR3'의 생산 공정을 시작했으며 커넥터의 조립 및 검사 공정을 담당하고 있다.

🔼 로봇이 부품 내부에 그리스를 바르는 모습

자동화하기 가장 어려운 프로세스 중 하나는 그리스 도포였다. 코팅량은 인간의 감각과 경험을 바탕으로 했지만, 로봇의 특성을 정량화하고 고려한 결과 부품 내부에 그리스를 도포하는 과정은 UR3에 맡겼다.

로봇의 도입으로 품질과 생산이 향상되고 투자가 감소했다. 수동 조립에 비해 일부 품목의 불량률이 약 절반으로 감소했으며 일부 품목의 일일 생산량이 두 배가 되었다.

🔼 로봇이 산업장비용 원형 커넥터를 조립하는 모습

"재료의 투입은 인간이 담당하고 있으며, 로봇과 분리하여 투자 효과를 얻을 수 있습니다"라고 커넥터 사업부의 생산 엔지니어링 부서 총괄 책임자 인 Hideyuki Noguchi는 말한다.

완전 자동화 장비의 도입에 비해 자본 투자 비용도 절감되었다. 커넥터의 트레이 운송 라인을 제거하여 비용을 절감했다. 커넥터의 연속성 검사 및 기밀성 검사를 담당하는 로봇은 빈 트레이를 들어 올리고 이동하며 트레이의 순환을 자동화한다.

(출처 : 닛칸 공업 신문 2022년 10월 4일자)

저자소견

인간의 작업을 로봇으로 대체함으로써 단순한 프로세스와 위험한 작업에서 장비 유지 보수로 인력을 전환하는데 성공했다. 또한 로봇에게 작업을 맡김으로써 실수를 감지하는 것이 더 쉬워졌다. 결과적으로 직원들간에 문제를 공유할 수 있으며 개선에 대한 인식이 높아졌다. 앞으로도 로봇을 활용하여 인적 오류를 줄이고 효율적인 생산을 실현할 것이다.

중소제조업과 자동화 로봇 활용의 미래

자동화는 해야 한다고 생각하는 기업은 매우 많습니다. 다만, 그것과 같거나 그 이상으로 '무엇부터 하면 좋을지 모르겠다'라고 하는 기업님도 매우 많은 것이 실상입니다. 로봇 도입 후의 사업 전체상을 파악할 수 없는 일도 있습니다만, 자동화에 걸리는 설비 투자에 막대한 비용이 드는 이미지를 불식할 수 없는 점에서 검토가 진행되지 않는 것이 이유의 하나가 되고 있습니다. 20~30명 규모의 중소기업 규모로 1,000만이나 2,000만, 그 이상의 투자를 낼까 하면 간단하지 않습니다.

그래서 갑자기 모두 자동화에 방향타를 오는 것이 아니라 부분적인 자동화에서 처음 가는 것이 중요하다고 생각합니다. 예를 들어 작업 공정에서 "사람이 검사하고 하루 종일 걸리는 업무 공정을 몇 시간만에 처리함으로써 생산성을 늘려가고 싶다" 때나 초과 노동을 막기 위해 "근무시간 관리를 한다" 이를 위해 업무의 보이기화를 하는 등 부분적인 도입을 제안합니다.

또, 이미 자동화 설비를 도입되고 있는 기업님도, 최신 설비의 것까지는 파악할 수 없는 경우도 있습니다. 그래서, 당사에서는 메이커씨와의 제휴를 조밀하게 취하면서, 직접 소리를 걸어 받는 것도 그렇고, 전시회 등을 통해 최신 정보를 매입하는 노력은 행하고 있습니다.

(출처 : 일본 Astavision 2021년 1월 13일 내용 일부)

저자소견_

자동화 로봇이 진행되고 있는 대기업은 아날로그인 수법으로 제조 라인을 유지하고 있는 곳도 있지만, 저출산 고령화의 영향으로 수년 앞의 일을 검토하고 있는 케이스가 있다. 이렇게 대기업이 인력 부족을 우려하고 있기 때문에, 중소기업은 이 문제에 더 많은 노력을 해야만 한다.

제2장_

로봇을 활용하기 위해서는 기초 지식이 필요하다

로봇은 우리 삶의 일부로 자리 잡았다. 이제 로봇산업은 국가경쟁력의 핵심이다. 로봇을 사용하지 않는 산업은 찾아보기 힘들며, 로봇산업의 중요성은 날로 커져갈 것이다. 로봇산업은 우리나라를 선진국으로 이끌 수 있는 기회가 될 것이며, 그 성장 동력을 만들어 가는 좋은 방법 중의 하나일 것이다. 앞으로 로봇의 개발을 적극적으로 추진해 갈 기업은 대기업 자동차회사나 가전회사일 수 있겠지만, 몇 명 안 되는 종업원으로 제품을 만드는 중소기업에도 로봇을 활용하여 제품의 가치를 높이는 기회가 잠재되어 있다고 저자는 생각한다.

인간은 움직이는 것에 흥미를 갖는 본성을 갖고 있기에 움직이는 로봇에 매력을 느낀다. 그러나 로봇의 동작 원리를 배우고 그것을 설계·설치·유지관리를 하려면, 광범위한 공학 분야의 지식과 경험이 필요하다.

이번 장에서는 로봇이란 어떠한 것이고 어떻게 구성되어 있는지를 고찰하고, 로봇 공학에 관련된 여러 요소 기술에 대하여 살펴보고, 로봇의 동작 원리 등을 인간의 동작과 비교해 보기로 한다.

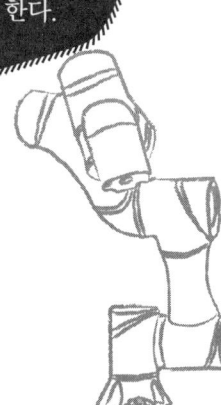

로봇 도입시 고민할 필요가 있다

인구가 감소되면서 일할 수 있는 사람의 수도 계속 줄어드는 것이 현실화되고 있다. 작업자의 부족을 호소하는 기업이 점차 늘어나 인력의 부족을 특히 가장 힘들게 느끼고 있다. 특히 단순하면서 반복되는 작업을 해야 하는 작업자나 어려운 공정 작업을 해야 하는 작업자들의 수는 절대적으로 부족하다. 결국 노동력 부족에 대하여 로봇으로 이러한 부족함을 대체할 수 있는 유일한 방법 중의 하나이다.

◘ 수직다관절로봇의 외형 모습

로봇을 도입하려면 투자 효과가 있어야 한다

로봇을 활용하는 것은 작업자의 부족에 대응하는 관점만 아니라 작업의 고효율화, 위험한 환경이나 작업으로부터 해방, 로봇으로부터 가능한 고정밀도의 가공, 품질의 안정화 등의 효과가 있어야 한다. 또한 로봇으로 대체한 작업자는 부가가치가 높은 창조적인 일에 전담시키게 하여 전체적으로 생산성을 향상시킬 수 있어야 한다.

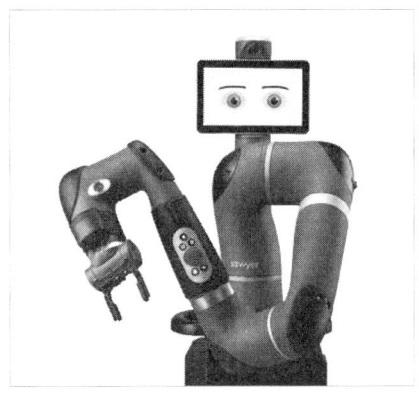

▲ TPC메카트로닉스社 협동로봇 Sawyer의 모습

일본 사례_1 차량전자제품 가공공정의 완전자동화

제품은 '제로 디펙트(Zero Defect)로 생산하고, 고객에게 납품한 제품의 품질은 결점이 제로가 되어야 할 정도'로 매우 높은 양질의 제품을 요구하는 반면, 작업자가 단순하면서 반복하는 작업을 실수하면 리드타임 간의 차이가 발생한다. 이때 생산성이나 효율성이 올라갈 수 있는지가 과제이다. 그래서 로봇으로부터 작업자

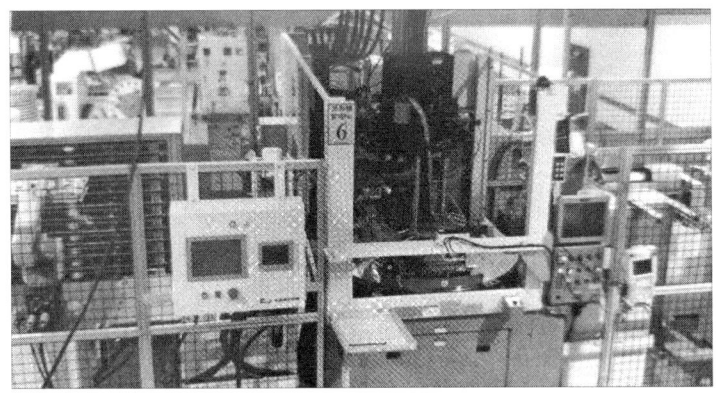
◘ 차량전자부품 가공 공정에서의 생산자동화라인 전경의 모습

의 손이 개입하지 않은 결과 제품의 품질이 안정화가 더해지고 작업자로 의한 설비 멈춤도 없어 생산성의 효율이 비약적으로 향상된다. 또한 로봇을 도입하기 전에 작업자를 보다 부가가치가 높은 공정에 배치함으로써 회사 입장에서는 전체적으로 보면, 생산성이 매우 크게 향상된다.

투자 효과로는 노동생산성 45배, 작업자 수 4명에서 1명으로, 노동시간 7.5시간에서 1시간으로, 생산량이 3,600개에서 5,400개로 증가했다.

일본 사례_2 재봉틀 본체를 가공할 경우 발생한 칩을 제거하는 작업 자동화

재봉틀 본체를 가공한 직후에 칩이 붙어 있어 후공정에서 에어블로워로 이 칩을 제거해야 한다. 이때 칩이 눈에 들어갈 가능성이 있어 산업 재해가 발생할 확률이 높다. 또한 제품의 중량이 약

◘ 재봉틀 본체를 가공할 경우에 발생한 칩을 제거하는 모습

20kg으로, 이것을 반복적으로 들어올리기 때문에 작업하기가 나쁘고 정신적으로나 육체적으로 힘들다. 그래서 종래의 칩을 제거하는 작업과 제품을 반송하는 수작업인 3D(위험하고, 더럽고, 힘든) 작업으로부터 로봇자동화로 대체하여 직장 환경을 크게 개선하게 되었다. 결국 칩이 날아다니는 환경에서 수작업을 하던 것을 로봇으로 도입함으로써 악 환경에서 벗어나게 되었다.

실제로 로봇을 도입한 기업담당자들의 소감들을 정리했다

도입기업_1

로봇을 도입하기 이전의 현장에서 대부분 작업자들은 로봇에 대해 잘 몰라서 '우리들의 일이 없어지네?'라는 반응과 불안감 등을 갖고 있었다. 시스템 인티그레이터(System Integrator)을 추진하는 사람들이 현장작업자에게 취지를 설명하면서 로봇의 도입을 추진했다.

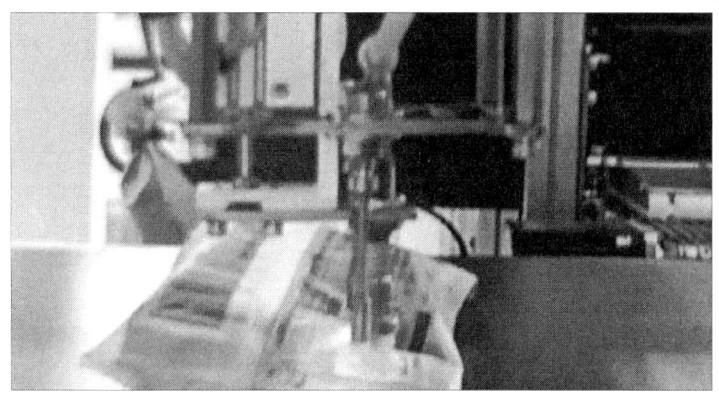

◘ 수작업 공정을 로봇으로 대체한 사례

작업자들은 눈앞에 실제 로봇이 나타나자 호기심이 많게 되고 흥미를 가지게 되었다. 작업자가 "부담을 느낀다, 기피한다, 일자리를 뺏기지 않을까" 등에서 "로봇으로 대체하는 것이 좋다"로 바꿨다. 이후에도 로봇과 협동 작업하는 공장을 만드는 것을 목표로 하는 도전이 계속되었다.

도입기업_2

대부분 로봇을 활용하는 용접시스템은 자동차 관련 대기업에서 사용된다. 중소기업에서는 '로봇을 도입할 수 없다'는 인식이 대부분이었다. 그러나 실제 로봇을 도입해보면, 프로그램 변경에 의한 소량다품종 생산의 경우에도 대응이 가능하며, 연속으로 동시에 생산이 가능한 로봇의 장점을 부각시켰다.

생산책임자는 '작업자와 로봇이 동료로 함께 일하는 존재'로 인식하면서 '로봇을 더욱 잘 활용해서 작업자와 로봇이 원활히 협동해서 양질의 제품을 만드는 것'을 목표로 생각해야 한다.

◘ 수작업 공정을 로봇으로 활용한 용접시스템의 모습

도입기업_3

업체는 현장의 불안감을 해소하려고 로봇의 도입을 검토하지 않고 우선적으로 로봇을 설치했다. 나중에는 전 사원들로부터 로봇의 애칭을 공모해 그 결과 '작업 공정의 작업자의 이름'으로 명명하기도 했다.

애칭 덕분에 로봇 가동시 여러 가지 트러블이 발생할 시에도 애칭으로 불리면서 로봇에 애착감을 느껴 점차 로봇을 잘 다루어 가는 분위기가 되었다. 결국 로봇으로 작업자를 대체하고 작업자의 능력을 최대한 끌어올릴 수 있는 환경으로 만들게 되었다.

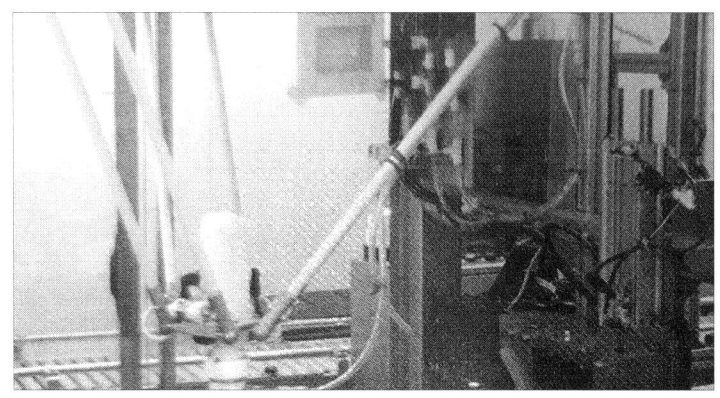
◘ 애칭을 명명한 로봇의 모습

로봇 도입시 들어가는 항목별 투자비용을 검토한다

로봇은 본체뿐만 아니라 관련 주변장치 등과 함께 시스템 중간에 들어가는 시스템과 구성되어 스스로 작동하는 제품이다. 로봇 시스템의 구축에는 기계장치뿐만 아니라 시스템 설계, 로봇 동작 티칭 등 시스템 인티그레이션(System Integration)으로 부르는 일련의 작업이 불가피하게 되어 전체 공정의 투자비용이 커진다.

◘ 소형타입 수직다관절로봇이 작업하는 모습

제2장_ 로봇을 활용하기 위해서는 기초 지식이 필요하다 • 73

일본사례_1 부품·공작기계와의 착탈공정

시스템	유니트 및 항목	단가 및 수량	계	비고
로봇 본체	수직다관절로봇	300만 엔×1대	300만 엔	
로봇 관련 장치	로봇 핸드	40만 엔×1대	40만 엔	
	로봇 프레임	30만 엔×1대	30만 엔	
로봇 주변 설비	안전커버	30만 엔×1대	30만 엔	
	제품 스토커	30만 엔×2대	60만 엔	기구, 제어, 핸드
시스템 관련 비용	개념 설계	100만 엔	100만 엔	
	상세 설계	200만 엔	200만 엔	
	제조 조립	120만 엔	120만 엔	
	설치, 조정, 운반	80만 엔	80만 엔	
	안전 교육 등	20만 엔	20만 엔	
합 계			980만 엔	

일본사례_2 제품 포장공정

시스템	유니트 및 항목	단가 및 수량	계	비고
로봇 본체	평행링크로봇	400만 엔×2대	800만 엔	
로봇 관련 장치	로봇 핸드	80만 엔×2대	160만 엔	
	카메라	120만 엔×2대	240만 엔	
로봇 주변 설비	콘베어 시스템	1,000만 엔×1대	1,000만 엔	
	제함기, 포장기	1,500만 엔	1,500만 엔	기구, 제어, 핸드
시스템 관련 비용	개념 설계	200만 엔	200만 엔	
	상세 설계	600만 엔	600만 엔	
	제조 조립	300만 엔	300만 엔	
	설치, 조정, 운반	200만 엔	200만 엔	
	안전 교육 등	50만 엔	50만 엔	
합 계			5,050만 엔	

◘ 수직다관절 협동로봇이 작업하는 모습

로봇 도입시 투자회수기간을 검토하다

로봇시스템의 총 투자비용은 고비용이라서 로봇 도입에 따른 생산성 향상의 효과를 기준으로 보면, 투자에 들어간 비용은 비교적 조기에 회수된다고 보는 기업은 그다지 많지 않다. 노동생산성 향상의 효과, 생산량의 증가, 품질의 안정화 효과를 다 합치면 3~5년 정도로 투자회수가 되는 사례도 존재한다.

일본사례_1 제품의 조립 공정내 로봇 도입

로봇의 도입으로 노동 생산성의 향상 효과에다 가동시간 연장에 따른 추가 생산량까지 가능하다. 제품 증산에 의한 이익과 노동 생산액은 다음과 같이 예측하면, 6,000만 엔 투자도 3년 정도에 회수가 가능하다.

시스템	유니트 및 항목	단가 및 수량	계	비고
로봇 본체	본체	300만 엔×4대	1,200만 엔	
로봇 관련 장치	화상처리		–	
	핸드 등		1,000만 엔	
로봇 주변 설비	각종 보조장치 등		1,800만 엔	
시스템 관련 비용	시스템 인티그레이션		2,000만 엔	
합 계			6,000만 엔	

- 도입 이후의 생산수량 증가 : 20개/일/240일=4,800개(Tact Time의 개선에 의한 생산 수량의 증가)
- 도입 이후의 불량율의 감소 : 도입 전 0.013%에서 도입 후 0.003%
- 도입 이후의 이익증가분 : 1,440만 엔/년(1개당 3,000엔 이익이 있는 경우)
- 도입 이후의 노동생산성 : 2명(600만 엔=25만 엔(월급)×2명×12개월)의 인건비
- 도입 이후의 회수율 : 3년=6,000만 엔(투자금액)/2,040만 엔(이익증가분+노동생산액)

일본사례_2 식자재(도시락)용기를 채우는 로봇의 도입

로봇의 도입으로 1일당 7명분의 노동생산액을 산출한다면, 년간 4,000만 엔 인건비를 절약할 수 있다. 만일 로봇 도입으로 2억 엔을 투자한다면 5년 정도에 회수가 가능하다.

시스템	유니트 및 항목	단가 및 수량	계	비고
로봇 본체	본체	400만 엔×10대	4,000만 엔	
로봇 관련 장치	화상처리		—	
	핸드 등		4,000만 엔	
로봇 주변 설비	컨베어시스템, 보조장치 등		6,000만 엔	
시스템 관련 비용	시스템 인티그레이션		6,000만 엔	
합 계			2억 엔	

- 노동생산성 : 7명(4,000만 엔=1,000엔(시급)×7명×8시간×240일×3교대)의 인건비 상당
- 회수년 : 5년=2억 엔(투자금액/4,000만 엔(노동생산액))

🔼 스토브리社 로봇으로 조립 작업하는 모습

로봇의 도입을 구축하는 순서

로봇시스템 인티그레이터(로봇 SIer)는 로봇 및 관련 장치, 공작기계 등을 조합해서 최적의 자동화시스템으로 설계, 제작, 구축한

다. 또한 로봇시스템 인티그레이터(로봇 SIer)는 현장의 여러 가지 고민, 위험한 작업, 인력 부족, 단순 작업, 중노동, 품질 저하, 숙련 작업 등을 검토하고 있다.

제조 현장의 고민을 로봇시스템으로 해결하자!

국내 로봇시스템의 인티그레이터는 한국로봇산업진흥원(https://www.kiria.org)에 등록되어 있는 SI기업을 검색하여 의뢰하면 가능하다.

🔹 한국로봇산업진흥원(https://www.kiria.org)의 홈페이지

로봇시스템을 구축하는 절차

로봇시스템의 구축은 고객(수혜자)기업과 로봇시스템 인티그레이터와의 공동작업으로 구축하는 것으로, 각 공정에서는 양자가 밀접하게 연락을 취하면서 실시한다.

다음 순서는 일본 로봇 작업의 흐름 일례입니다만, 로봇자동화에 대한 고객의 니즈 파악 즉, 사양 결정과 설계를 제조하는 것으로 로봇시스템을 구축한 내용이다.

순서	항목	주요 내용	산출물
1	사전 검토	- 자동화에 관한 니즈를 정리한다. - 예산 규모를 기안하면서 개략 견적을 세워 투자회수기간도 검토한다.	요구사양서, 구상도, 개략 견적서
2	기획 구상	- 현재 작업 공정에 있어서 과제를 추출하고 그 원인을 분석한다. - 정리된 과제의 해결 방안을 검토하여 로봇시스템의 전체를 구상한다. - 시스템 구축의 실시 계획을 작성한다.	현상 분석 자료, 전체 구상도, 실시계획서
3	사양 정의	- 실시 계획을 기준으로 달성 방안, 실현 방법, 요구 사양으로써 정의한다. - 시스템 전체와 처리의 흐름을 결정하여 신뢰성, 이용성, 보수성, 복원성의 관점으로부터 정밀 검토한다.	사양정의서, 시스템흐름도, 프로젝트계획서
4	설계 (기본, 상세)	- 구체적인 로봇시스템 방식, 상세 설계를 하고 운영과 능력의 타당성을 검증한다. - 리스크 액세스(Risk Access)를 행하고 안전성 확보에 관한 방침을 책정한다.	전체 레이아웃, 도면1식, 납품 전 테스트계획서, 잔유 리스크보고서
5	제조 납입 전 테스트	- 설계 기준으로 로봇시스템의 제조, 프로그래밍을 행한다. - 실가동 환경 취부, 조정을 행하고 내부 테스트를 통해 종합 확인을 행한다.	로봇 자동기 1식, 프로그램1식, 완성도서, 조작 매뉴얼
6	보수 점검	- 로봇시스템의 가동 후에도 정기점검을 행하고 잘못된 것이 있으면 수정한다. - 로봇시스템의 장애 발생 시에는 복원 지원을 행한다.	작업보고서

로봇 도입시 핵심포인트를 정리하다

로봇이 사람들의 일자리를 빼앗아갈 것인가를 놓고 정반대의 시각이 대립하고 있다. 국제로봇연맹(IFR) 등 로봇 관련 기관은 대체로 로봇이 일자리를 빼앗아간다는 주장에 대해 반대 입장을 내놓고 있다.

독일과 같은 로봇 선진국들의 경우 산업 현장에 많은 산업용 로봇을 도입했지만, 고용 인력이 줄어들기는커녕 오히려 크게 증가한 것으로 나타났다. 맥도날드 등 프랜차이즈 경영자들은 최저임금이 시간당 15달러(미국 기준) 수준으로 올라가면 직원을 채용하기보다는 로봇을 도입하겠다는 입장을 보이고 있다. 당연히 프랜차이즈 종업원들은 로봇의 도입으로 실직 위기를 겪을 수밖에 없다. 우리나라도 마찬가지이다.

로봇은 산업혁명시대의 증기기관차처럼 일자리를 위협한다고 포기할 수 없는 도구다. 중요한 것은 로봇으로 대체되기 쉬운 저임금, 저숙련 작업자들이 부가가치가 있는 일자리로 이동할 수 있도록 미리 준비해야 한다.

로봇시스템의 기본 구성

산업용 로봇은 인간의 손 기능을 대신하는 기구부로서 팔, 관절 및 손으로 잡는 매니퓰레이터(Manipulator)를 가지며, 관절부에는 이들을 동작시키기 위한 구동 기구가 내장되어 있다. 더욱이 이들의 동작을 제어하기 위한 제어장치, 컴퓨터 및 작업 대상물을 인식하기 위한 시각처리장치로 구성되어 있다.

다음 그림은 산업로봇의 기본적인 구성도이며, 이동 기능을 가진 경우에는 여기에 이동기구가 부가되지만, 통상은 고정형이기 때문에 이동기구를 가지지 않는다.

그림에 나타내듯이, 중앙컴퓨터 내에는 작업 및 제어 동작을 결정하기 위한 작업 프로그램과 데이터가 저장되어 있다.

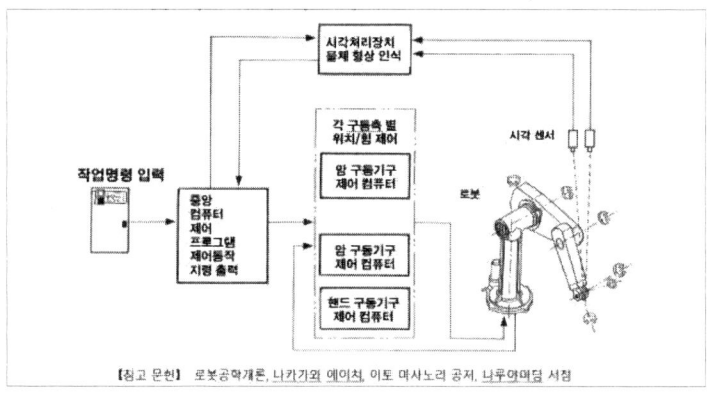

◘ 로봇시스템의 기본 구성 도표

로봇 암의 기구

로봇 암의 기구는 관절의 배열에 의해 다양한 움직임이 가능한 로봇 암을 구성할 수 있으며, 일반적으로 산업용 로봇은 그 동작 형태로부터 다음과 같이 분류된다.

> 직교좌표로봇, 원통좌표로봇, 극좌표로봇,
> 수평다관절로봇, 수직다관절로봇

다음 그림(예제_1)은 대표적인 로봇 암 기구의 구성 예로, 로봇의 외관 형상과 관절기호로 나타낸 로봇 암의 기구 및 핸드의 작동 영역이 나타나 있다.

회전관절, 선회관절 및 작동관절의 배열 방식에 따라 크게 나눠 5종류의 작동 형태 기구를 구성할 수 있다.

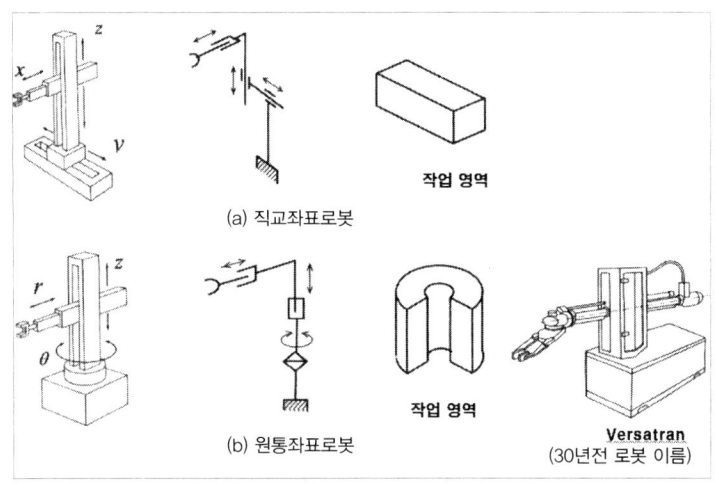

◘ 로봇 암의 기구의 구성 개념도(예제_1)

- 직교좌표로봇은 3관절 모두 직동(直動 ; 직접 움직인다)관절을 배열한 것으로, 구조적으로 높은 강성을 부여할 수 있으며 위치결정에 고정밀도를 내기 쉽다는 특징이 있다. 한편 작업 범위에 비해 로봇 전체에 차지하는 공간이 넓어진다는 단점이 있으나 가장 저렴한 로봇이다.
- 원통좌표로봇은 베이스로부터 제1관절에 회전관절, 제2 및 제3관절에 직동관절을 가진 형식이다. 동체부의 회전과 수평으로 돌출한 암에 의해 작동 범위를 넓게 취할 수가 있으며, 작업 범위에 비해 설치 면적이 적게 든다.
- 극좌표로봇은 제1관절에 회전관절, 제2관절에 선회(일정 각도 회전)관절이어서 제3관절에 직동관절을 가진다. 원통좌표형과 동일하게 설치면적치고는 넓은 범위를 취할 수 있다.
- 수평다관절로봇은 제1 및 제2관절에 선회관절을 가지며, 제3관절에 직동관절을 가진다. 수직 방향의 강성이 높고, 수평 방향의 움직임이 유연하다는 특징이 있다. 이 형식은 선택적인 강성을 가진 구조라는 의미에서 '스카라(SCARA) 로봇'이라고도 불린다.(상세 내용 111쪽 참조)
- 수직다관절로봇은 제1관절에 선회관절, 제2 및 제3관절에 회전관절을 가진다. 상기 세 가지 형식에 비해 설치면적치고는 가장 넓은 작업범위를 취한다.

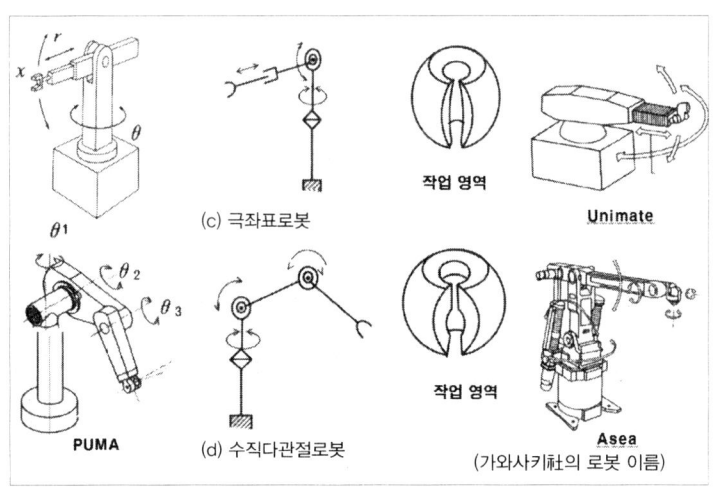

■ 로봇 암의 기구의 구성 개념도(예제_2)

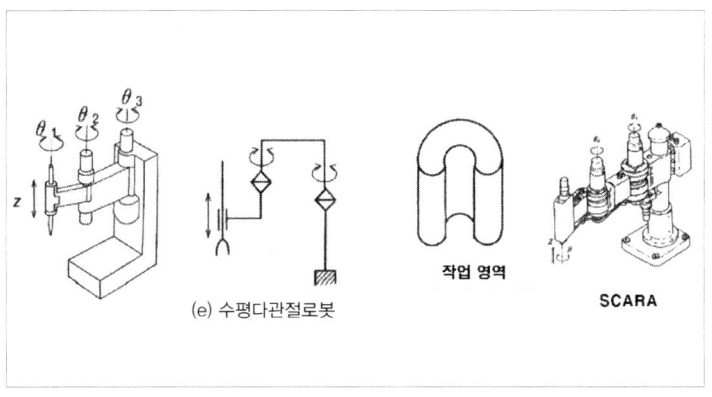

■ 로봇 암의 기구의 구성 개념도(예제_3)

로봇 핸드의 구조

로봇의 핸드는 암 선단부에 부착되며, 인간의 손처럼 "집다, 쥐다"와 같은 동작을 한다. 이 핸드가 하는 동작을 '파지(把持, Gripper)'라고 한다. 또한 로봇 핸드는 대상물에 직접 작용을 미친다는 의미에서 '엔드 이펙터(End Effector)'라고도 한다.

로봇 핸드의 구조는 거기에 요구되는 기능에 따라 단지 대상물을 잡는 동작만 되는 경우와 대상물을 확실하게 파지하여 조작하는 동작인 경우에 따라 나뉜다.

- 두 손가락 평행 링크형 핸드(Parallel Link Type Hand)는 직동 액추에이터의 운동을 랙과 피니언의 회전 운동으로 바꿔 피니온에 부착된 평행 링크의 선단 발이 평행이동하여 개폐하는 기구이다.
- 두 손가락 평행 이동형 핸드(Parallel Move Type Hand)는 회전형 액추에이터에 의해 피니언을 회전시키고, 이에 맞물리는 랙에 의해 손을 평행 이동시키는 기구이다.
- 다관절 다지형 핸드(Multi Type Hand)는 인간의 손과 같이 어떤 물체로도 형상에 맞게 확실하게 파지하고 다양한 작업을 할 수 있도록 한 것으로, 하나의 손가락은 2~3개의 관절을 가지며 3~5개의 손가락을 가진 다(多)자유도 핸드가 만들어지고 있다.

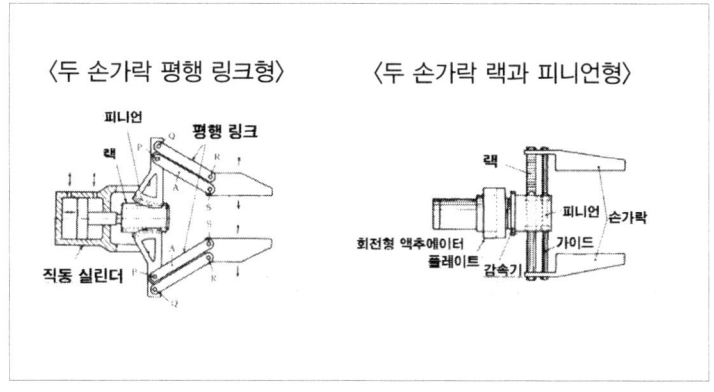

◘ 로봇 핸드의 개념도 구조_1

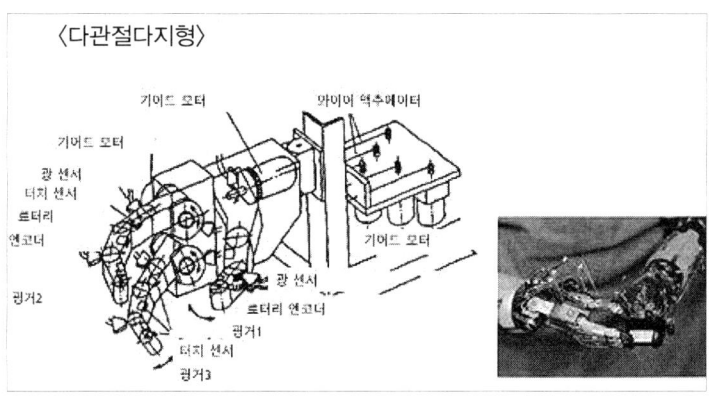

◘ 로봇 핸드의 개념도 구조_2

로봇의 감각

로봇이 목적을 가지고 움직였을 때 자신의 상태를 파악하는 것과 외부 상황을 파악하는 것은 반드시 필요한 요소이다. 이 때문에 로봇에는 센서시스템이 장착되는데 전자에 대응하는 것을 '내계 센서'라고 하며, 후자에 대응하는 것을 '외계 센서'라고 부른다.

로봇과 인간의 대응을 고려할 때 외계 센서는 인간의 오감(시각, 청각, 촉각, 미각, 취각)에 상당하는 기능이 된다. 따라서 보다 인간에 가까운 로봇을 목표하는 현재의 로봇 기술에는 이 외계 센서의 구현과 실용화가 반드시 필요하다.

〈인간의 오감 : 시각, 청각, 촉각, 미각, 취각〉

① 시각 : 대상물까지의 거리, 자세를 인식한다. 자신의 위치를 안다. 주위 상황을 파악한다.

② 청각 : 소리 또는 음성에 의해 전달되는 정보를 파악한다. 음성을 인식한다.
③ 촉각 : 부드러운 것, 깨지기 쉬운 것을 취급할 수 있다. 손가락 끝에 닿는 감각에 근거하여 제어할 수 있다.
④ 후각 : 화학 반응을 이용한 검출시스템이 개발되어 있지만, 로봇용은 없다.
⑤ 미각 : 과일의 당도를 측정하는 시스템이 있다.

인공지능

인공지능이란 사고 활동을 할 수 있도록 인공적으로 만든 장치이며, 머신 러닝(Machine Learning)이란 데이터로부터 학습하여 실행할 수 있게 하는 알고리즘이다.

- 인공신경망이란 인간 뇌의 Neuron을 수학적 모델로 모사·은닉층(Hidden Layer)가 많을수록 정확도 증가로 패턴 인식의 수준이 올라가는 것이다.
- 딥 러닝(Deep Learning)이란 은닉층(Hidden Layer)가 Deep Neural Network을 학습시키는 알고리즘이다.
- 머신 러닝이란 각종 설비고장의 모니터링이 가능하고 Home Monitoring 내부의 주변 소음을 감지가 가능하다.

로봇은 인공지능 분야에서 출발한다. 이 분야를 보면 컴퓨터과학, 수학, 통계학을 중심으로 철학, 심리학, 의학, 언어학 등 실존하는 모든 학문에 연계되어 있다. 생각의 접근법은 인지, 추론 등 생각하는 과정을 연구하기 때문에 논리학과 심리학이 중심이 된다. 행동하는 방법에는 튜닝 테스트가 있는데, 실제 구현 기법은 보고, 듣고, 움직이고, 운전하는 영역으로 넓혀가고 있다. 컴퓨터 성능과 데이터의 디지털화가 인공지능을 무서운 속도로 끌어 올리고 있다.

최근 핫한 분야는 단연 인공신경망 기반의 딥 러닝 분야와 로보틱스 분야다. 로보틱스 분야는 산업용 로봇과 재난이나 물류, 군사 등의 전문서비스용 로봇, 그리고 개인서비스용 로봇으로 나뉜다. 하지만 아직도 산업용 로봇 시장이 전체 로봇 시장의 70퍼센트를 차지하고 있다.

인공지능의 기술과 관련된 제품이 성공하기 위한 전략은 4가지 항목인 기술, 제품, 마케팅, 시장의 전부가 100% 만족해야 성공하는 것이다.

- 인공지능 기술과 관련해서 성공한 상품은 스마트폰(내 손안에 PC)이다.
- 실패한 상품을 보면, 구글 글래스는 제품의 용도가 명확하지 않아서, 3D프린터는 기술력의 부족으로 시간도 많이 걸리고 재질이 한 가지로 똑같지가 않아서, 딥 러닝 기술은 아직 기술이 완성되지 않고 마케팅도 구체화가 되지 않았다.

- 전기자동차는 아직 기술 수준이 낮고 밧데리 충전 후 한 번에 400km 주행하는데, 에어콘이나 히터 가동시에는 주행거리는 더 단축되고, 밧데리 충전하려는 승용차가 순서대로 기다리는 주차공간 등도 많이 필요하다.

인공지능에 음성인식의 지능화와 지능 로봇의 구성은 다음과 같다.

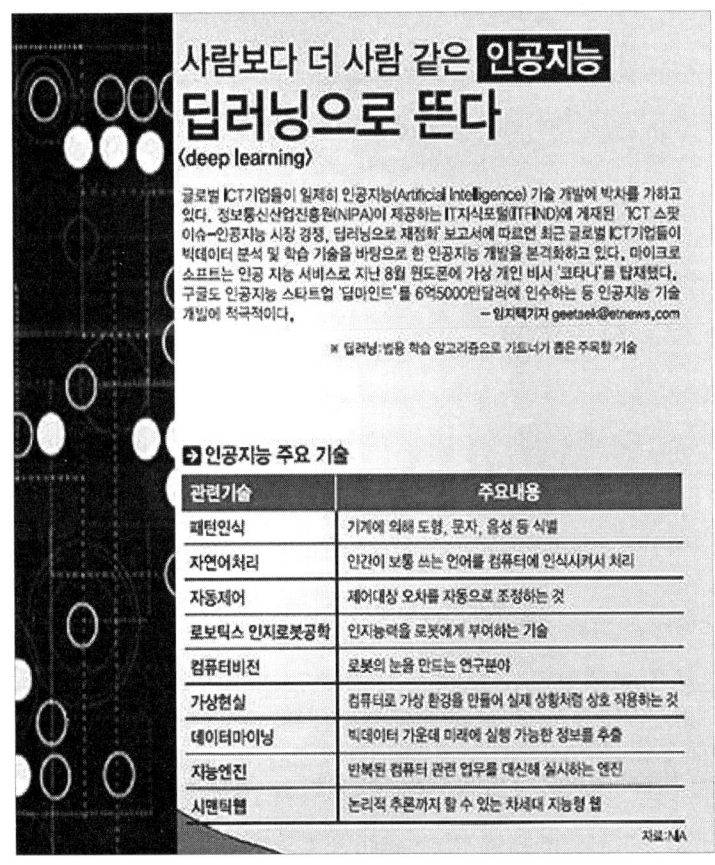

🔹 스마트팩토리의 요소-인공지능(출처 : 전자신문)

- 음성 인식의 지능화 : 인간의 언어를 이해하고 명령을 전달할 수 있다.
- 지능 로봇의 구성 : 집단으로 행동하고, 협력 제어를 하고, 상황 파악이 가능하다.

로봇 도입의 목적

무엇 때문에 로봇을 도입하려는가 하는 목적을 확실히 하는 것이 중요하다. 로봇을 도입하는 목적은 일반적으로 다음과 같다 (JIRA 앙케이트 결과).

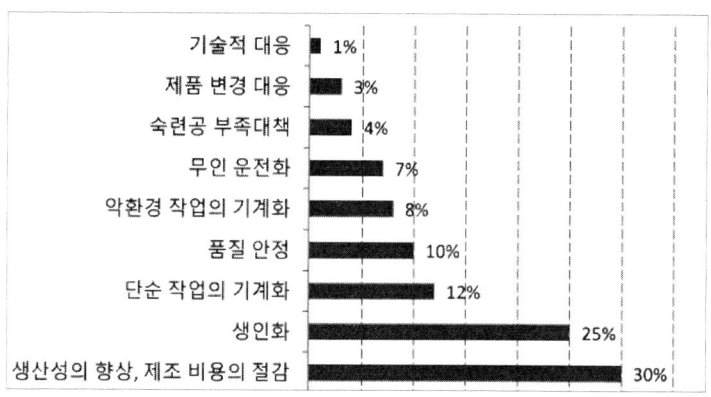

로봇의 특성과 용도의 파악

로봇을 도입하여 활용하자면, 로봇의 특성과 용도를 잘 파악해 둘 필요가 있다.

먼저 로봇은 사람의 팔, 손, 손가락의 기능을 가진 하나의 암(Arm)이다. 하나의 암이 어떤 절대좌표상을 지정된 위치에 움직이는 것뿐 부품의 상대적 위치 관계를 로봇 자신이 파악하면서 움직이지는 않는다. 반면 사람은 어떤 목표물에 대해서 상대적 위치 관계를 생각하면서 움직인다. 이것이 사람과 로봇이 본질적으로 다른 점이다.

로봇 선단에 무엇을 붙여 작업하는가에 따라서 로봇의 명칭이 불리워진다. 예를 들면 용접용 건이 달리면 용접로봇, 도장용 스프레이 건을 달면 도장로봇, 또한 핸드를 붙이면 부품착탈 로봇이나 조립로봇으로 부른다.

로봇의 장단점
- 장점 : 단순반복작업 24시간 풀 가동할 수 있고, 악 환경에서도 작업 가능, 고스피드 하이파워, 장시간 품질 안정, 유사제품 한 개 라인에서 작업 가능
- 단점 : 가격이 비싸고, 특별한 사항에 대해 적절한 조치 불가

로봇의 주요 용도
로봇은 다품종소량 생산의 자동화에 적합하며, 제품설계 변경이나 생산 모델변경 시 유연하게 대응가능하며, 24시간 가동이 가능하며, 극한 노동환경에서도 작업이 가능하며, 위험한 작업, 숙련공 부족 대응, 단순반복작업 등에 최적이다.

로봇 적용공정의 검토

로봇을 도입하고자 할 경우 적용하고자 하는 공정에서 로봇자동화가 가능한가 어떤가를 검토해야 한다. 일반적으로 로봇이 작업하는 패턴은 다음과 같이 3가지로 크게 대별된다.

- 로봇이 주체적인 가공 작업을 한다.
- 로봇이 부가적인 핸드링 작업을 한다.
- 로봇이 설비 중에 조합되어 일체로써 작업을 한다.

다음은 로봇자동화로 실현 가능한 작업들을 구체적으로 정리했다.

종 류	내 용
로딩 및 언로딩 작업	절삭 가공, 열처리 작업, 수지, 분말 성형 가공 등의 경우 제품 로딩, 가공 처리 후 제품 언로딩
작업공구의 핸드링 작업	스폿용접, 아크용접, 스프레이 도장, 세척 작업, 물 빼기, 롤 칠하기, 더운 물 주기, 핸들 돌리기, 구멍 가공
조립 작업	나사 체결, 볼트너트의 결합, 끼워 맞추기, 중형 혹은 대형 부품의 삽입
왕복 순회 작업	다수의 공작기계의 제품 착탈, 공구 교환, 방적공작기계의 실 잇기
검사 작업	전용측정기의 제품 공급, 착탈 가능, 착탈 후 합격품과 불합격품의 분류, 부품외관 검사
운반 이재 작업	벨트, 체인, 롤러, 슈트, 호파 등 운송 작업, 재료의 적재, 다시 쌓기, 풀기
특수환경내 위험 작업	고열 작업, 수중 작업, 진공 내 작업, 전지 제조의 연분 취급, 화약 채우기, 폭발물 조립
파렛타이즈/디파렛타이즈	제품의 상자 채우기, 정렬 작업, 빼내는 작업
기타 작업	쓰레기 처리, 세척, 청소 작업 등

로봇의 기종과 제조 메이커의 선정

로봇의 도입에 있어서 그 실패 요인 중에서 큰 비중을 차지하는 것 중의 하나가 로봇의 기종 선정 및 제조 메이커의 선정이 잘못된 것이다. 자사에서 로봇을 설계 제작하는 경우는 다르겠지만, 대부분의 경우가 메이커가 만든 기종 중에서 선정하여 사용하게 된다. 일반적으로 근래의 로봇은 범용기, 사용자 지향적으로 만들어지는 것은 아니라고 보는 것이 좋다. 또한 세일즈맨도 자신의 로봇이 어떤 제품, 어떤 작업에도 적용가능하다고 하지만 무엇이든 가능한 로봇은 무엇이든 가능하지 않다고 생각하는 것이 좋다.

따라서 자사의 판단 기준을 갖고 각각의 목적 달성에 적합한 로봇 선정이 필요하다. 로봇의 적용 공정 추출에서 기종 선정하기까지의 순서는 대략적으로 다음과 같다.

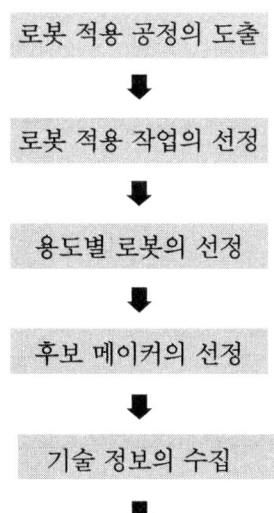

```
        요구사양의 결정
             ⬇
        후보 기종의 선정
             ⬇
      사양의 비교, 검토, 평가
             ⬇
        로봇 기종의 선정
```

로봇 핸드(그리퍼, 핑거)

로봇은 그 기능상의 필요에 따라 암 선단의 손목에 해당하는 부분에 핸드를 달아 제품을 파지한다. 그 파지에 따라 제품의 자유도를 결정하고 핸드링한다.

파지(Gripper)는 다음과 같이 6개의 동작으로 분류한다.

> 흡착, 받기, 매달기, 집기, 끼우기, 쥐기

로봇 핸드의 파지 능력으로 요구되는 조건은 다음과 같다.
- 제품 구속의 확실성
- 파지된 상태의 위치
- 자세의 정밀도
- 주위 작업 환경과 구속 동작과의 간섭이 없을 것

로봇 핸드는 시판품이 많이 나와 있어서 작은 제품의 로봇자동화시스템에서는 핸드(그리퍼, 펑거) 부분만 제품에 대응시켜 설계 제작하면 혼류 생산에 적합한 경우가 많다.

LG전자 비디오사업부 테크 및 드럼조립라인 로봇 핸드 설계한 사례는 그리퍼 내용으로 162, 163쪽을 참조한다.

작업 범위

동작 범위가 작으면 로봇의 크기도 작아지며, 따라서 제조비용도 절감된다. 따라서 주변 장치, 생산 설비나 메인터넌스를 고려하여 몇 개의 동작 상태를 생각하고 그 중에서 효율이 좋은 것을 선정하는 것이 바람직하다.

가반하중

가반하중은 지정 성능을 유지하는 범위 내에서 로봇이 운반 가능한 중량으로써 로봇 핸드(손목)에 부가되는 전 중량을 말한다. 이 가반하중은 로봇의 특성에도 영향을 줄 뿐만 아니라 동작 시간에 따라서도 영향을 받으므로, 작업 형태에 따라 제품 하중의 몇 배로 기종 선정해야 하며 구입비용에도 특히 주의해야 한다.

로봇 활용상의 유의점은 이렇다

제조 로봇의 패러다임이 변화하고 있다. 기존에는 자동차 생산라인과 같이 유형화되고 체계화된 공정을 중심으로 로봇에 의한 자동화가 이루어졌었으나, 최근 중국 등의 주요 공장지역 국가의 인건비가 급격히 증가함에 따라 로봇에 의한 자동화의 필요성이 크게 대두되고 있다. 특히 전자산업의 특성상 제품의 수명 주기가 매우 짧고, 다품종 소량 변량생산으로 변화하는 추세에 생산시스템의 유연성이 중요해지고 있다. 따라서 유형화·체계화되지 않은 공정, 인간과 로봇의 협조 생산에 의한 유연 생산시스템 등의 개발에 집중해야 한다.

로봇 가동률의 향상 대책

로봇자동화가 무조건 좋은 건가?

단적인 예가 있다. 테슬라의 경우 로봇에 의한 완전자동화를 시도하다가 품질 불량으로 공장이 멈추는 현상이 발생했다. 기존 자동화 업체들이 용접, 도색에만 로봇을 쓰는 것과 달리 테슬라는 최종 조립과 전 공정에 로봇을 도입했다. 소프트웨어 오류와 품질 불량이 계속 발생하면서 공장 전체가 멈추는 일이 반복됐다. 아직 로봇이 잘 처리할 수 없는 부분까지 로봇에게 맡겨서는 안 된다.

국내 현대자동차공장에 가면 대부분의 시설이 자동화가 돼 있지만 "작은 전자 부품을 끼워 넣는 일은 일일이 사람이 하고 있다"고 한다.

로봇 도입의 실패 사례는 이렇다

"로봇자동화설비의 가동율이 낮다, 고장이 많다, 라인 스톱이 많다, 품질 트러블이 많다, 메인터넌스 코스트(Maintenance Cost)가 많다" 등으로 분류할 수 있으나 그 중에서 중요한 문제는 '로봇자동화설비의 가동율이 낮다'라고 할 수 있다. 이에 대한 주요 원인을 열거하면 다음과 같다.

생산제품
- 생산제품의 표준화나 단순화가 되어 있지 않다,
- 생산제품의 시리즈화가 되어 있지 않다,
- 로봇자동화 생산에 적합하게 제품이 개선되어 있지 않다.

일반적으로 조립작업은 부품 지향적이고, 절삭가공작업은 툴 지향적이다. 즉 절삭가공작업인 경우에는 가공되어진 제품 또는 부품이 되기 때문에 소재의 형상이 가공시에 중대한 영향을 주는 일은 적다고 할 수 있다. 이에 비해 조립작업인 경우에는 부품을 그대로 차례차례로 조립되어 가기 때문에 부품의 형상이 작업의 난이도에 큰 영향을 미치며 제품의 형상을 약간만 변경시켜도 지금까지 어려워했던 작업도 매우 쉽게 할 수 있다.

작업자

오퍼레이터의 문제는 능력 부족, 교육 부족, 메인터넌스 요원의 능력 부족, 메인터넌스 요원의 교육 부족 등이다. 또한 교육내용으로 로봇의 이해, 프로그램에 관한 지식, PLC, 마이크로프로세스 기초이론, 유공압 이론 교육 등이 있다. 단기간 내 교육 훈련이 불가능하므로 장기 계획수립이 필요하다.

로봇의 도입 계획

로봇을 도입하고자 계획할 경우 로봇시스템 설계의 부적절, 로봇 기종 선정의 부적절, 제조메이커 선정의 부적절, 메인터넌스 체제의 불충분 등의 문제점이 발생할 수 있다. 이 경우 개선 제안의 한 가지로 한국생산기술연구원(https://www.kitech.re.kr)의 로봇엔지니어링 컨설팅을 요청하면, 컨설턴트가 공장을 직접 방문하여 로봇자동화시스템의 구축 및 활용에 관련된 현장 애로기술 컨설팅 및 로봇 도입을 위한 공정 분석 및 설계 등의 기술 지원 등을 해준다.

로봇

로봇 자체로는 범용성의 한계, 기능 부족, 신뢰성 낮음 등을 들 수 있으며 로봇의 가동률을 향상시키기 위해서는 이를 각 요인별로 대책을 수립하지 않으면 안 된다.

제품에 대해서는 로봇 도입의 포인트에도 있듯이 또한 향후 로봇자동화해 나가기 위해 필수적으로 표준화, 단순화하여야 하며 사람에 대해서는 적절하게 작업자들을 배치해야 한다. 즉, 적재적소에 배치하고 차츰 고령화대비 로봇대체 증가가 예상되므로 기존 엔지니어는 메카트로화(Mechatro)에 적응할 수 있는 인재 육성에도 배려해야 한다.

로봇을 도입하고 활용하는 측에서는 항상 로봇업계의 새로운 트렌드를 주목하고 정보를 입수하여 유용하게 활용하도록 해야 한다. 또한 도입 계획에 관해서는 기종 선정, 메이커 선정의 포인트 등은 로봇 도입 포인트에서 나열한 것과 마찬가지이다.

로봇에 관해서는 로봇 관련 제조 메이커, 국가, 공공기관 연구소 등에서 매일 연구개발을 추진하고 있고, 보다 기술이 향상된 로봇이 세상에 등장할 것으로 예상된다.

◘ 미쓰비시전기社 무인공장 로봇시스템의 작동 모습

로봇도 안전 대책이 필요하다

로봇은 철 구조(강체)로 되어 있어 조그마한 접촉에도 또한 로봇의 메인터넌스할 때에도 운전조작 실수로 사망사고가 많이 발생한다.

경남 창원시 소재 굴삭기 부품 생산 사업장의 CNC 가공 공정에서 피해자가 산업용 로봇의 가동범위에 진입하여 CNC 선반 내 제품의 가공 상태를 확인하던 중 로봇이 작동하여 가공품과 로봇 그리퍼 사이에 끼여 사망한 재해가 있었다. 이렇듯 하루 몇 명씩 발생하고 있으며, 우리나라는 OECD 국가 중 산재 사망 1위의 불명예를 안고 있다. 또한 로봇과 작업자가 같은 영역 내에서 안전하게 작업할 수 있는 협동로봇도 많이 출시되고 있다.

협동로봇은 사람과 함께 작업할 수 있는 로봇을 의미하는데, 이를 위해서는 다양한 안전 기준을 갖추고 있어야 한다. 현재까지는 센서나 전기 신호를 기반으로 주변 사물(사람)을 인식해 피하거나 작동을 멈추는 기능을 기본적으로 요구하고 있다.

현재 국내 협동로봇에 대한 안전기준이 명확하지 않다. 작업자와 같은 공간에서 활용하는 로봇인데도 산업용 로봇과 같이 안전 펜스 등을 설치하고 사용해야 하는 등 본래 취지와 맞지 않게 사용되고 있다.

로봇 제공자측 안전수칙
- 동력원의 차단, 비상정지 등의 기능을 갖춘다.
- 설계제작 시 이상을 검출하여 정지할 수 있도록 한다.
- 로봇 사용조건에 따라서 위험 영역을 명확히 하고 안전망을 설치한다.
- 높이 $2m$ 이상의 장소에서 로봇 작업을 할 때 손잡이가 붙은 플랫폼을 설치한다.
- 비상정지 기능이나 제어장치의 안전대책기구 등 상세한 안전대책을 준비하도록 한다.

로봇 수혜자측 안전 수칙
- 안전 철책 울타리를 설치한다.
- 작업자의 교육과 작업공정도를 작성한다. 특히 로봇 운전중 작업에 대한 로봇의 조작 방법, 순서 등에 관한 작업공정도가 있어야 되고, 이상시에는 바로 운전이 멈추도록 한다.

인공지능 로봇을 알아보다

제4차산업혁명에서 가장 각광받는 기술로 인공지능을 빼놓을 수 없다. 인공지능(S/W)이 매우 다양한 영역에서 적용되어지는 가운데 로봇(H/W)과 결합된 '지능형 로봇'이 많은 이들의 주목을 받고 있다. SF 영화 속에만 존재하는 듯했던 사람 형태의 로봇(휴머노이드로봇)이 개인 고객까지 판매가 되고 있는 현실이 빠르게 전개되고 있다.

지능형 로봇은 크게 산업용 로봇과 서비스용 로봇으로 구분되는데, 제조업 분야에서 사용되는 산업용 로봇은 이미 필수적인 도구로 자리잡은 지 오래다. 다만 과거에는 인건비 절감의 자동화 개념이었다면, 현재는 사람이 대신할 수 없는 고정밀·고난이도의 작업을 빠르게 해내, 생산성과 품질 경쟁력의 중심으로 로봇의 역할이 바뀌고 있다. 반면 서비스용 로봇은 제조업 이외의 분야로 확장된 로봇을 의미한다. 여러 산업 분야에 적용 가능하므로 국내 기업들이 다양한 신사업 모델을 그릴 수 있을 것으로 전망된다.

향후 빠른 속도의 성장이 기대되는 시장인 '지능형 로봇' 산업에서 국내에서는 현재 어디쯤 와 있을까?

지능형 로봇의 기술은 크게 3가지로 나뉜다. 로봇이 인간처럼 인식하고 판단할 수 있도록 하는 지능기술, 로봇의 행동을 제어하는 기술, 그리고 부품기술로 구분된다.

- 지능기술 : 인공시각, 인공청각, 인지추론, 적응공학, 휴먼인터페이스 기술 등
- 제어기술 : 로봇 팔, 다리, 적응 제어, 소프트웨어 기술 등
- 부품기술 : 구동부, 센서부, 제어부 등

부품기술과 관련하여 살펴보면, 로봇 완제품에서의 핵심부품은 원가 비중이 46%로 대부분을 차지하고 있는데, 국내에서는 해당 부품에 대해 국산화율이 14.3%로 굉장히 낮고, 해외 수입 의존도가 높은 편이다.

로봇 부품 관련 총 수입의존율이 39%인데, 주요 핵심 부품인 구동부, 센서부, 제어부의 세 부분만 합쳐 총 수입 중 48%를 차지할 정도이다. 로봇 산업에서 가격 경쟁력은 무시할 수 없는 요인이므로, 원가 비중이 높은 부품의 국산화가 시급한 실정이다.

지능형 로봇시스템에 대하여 하나씩 살펴보기로 한다.
① 구동부는 일본 대비 76% 수준이며, 기술 격차는 2.7년이다.

여기에는 모터·감속기·컨트롤러가 포함되는데, 주요 부품인 모터의 해외 의존도가 80%에 달하며, 대부분 스위스 및 독일산을 수입하고 있다.
② 센서부는 일본 대비 72% 수준이며, 기술 격차는 20년으로 가장 차이가 난다. 국내에서는 관성 및 거리 센서 등 일부를 제외하고는 전량 수입하고 있어 센서산업의 개발이 필요하다.
③ 제어부는 미국 대비 78% 수준, 기술 격차는 2년으로 파악된다. 우리나라가 가장 미약한 분야인 시스템 관련 소프트웨어 기술도 포함되는데, 이도 역시 대부분 해외에 의존하고 있다.

국내의 로봇부품과 관련하여 국산화율이 유독 낮은 이유는, 원천적으로 로봇의 핵심부품을 제조하는 기업이 국내에 많지 않다. 국내 로봇산업 생태계를 보면, 가치 사슬 측면에서 부품 기업보다는 주로 제품 분야 개발에 집중하고 있는 기업이 많기 때문이다. 실제로 우리나라의 로봇산업은 중소기업이 약 95.8%를 차지할 정도로 중소기업 중심의 시장이 형성되어 있다. 이중 로봇 부품 및 부분품이 사업 분야에 종사하는 기업은 851개사(45.6%)로 확인되었으며 대기업은 없다. 수치로만 봐서는 많다고 느끼는 사람도 있겠지만, 전체적인 생산량의 비중이 낮은데다가 구동부에 47.2%가 몰려 있고, 센서부는 10.1%, 제어부는 6.6%로 미약한 수준이다. 기술·제품 중심의 시장은 빠른 속도로 커지지 않는 편이기에, 부품과 서비스산업이 상생하는 성장이 필요할 것이다.

유망 분야 중에서도 산업용 로봇은 주로 자동차, 전기·전자, 금속산업 등에 활용되는데, 현재 국내에서는 자동차산업이 56.4%, 전기·전자산업은 26.8%의 비중을 차지하고 있다. 미래 제조산업의 핵심인 산업용 로봇은 스마트 로봇으로 진화하면서 성장세를 이어가고 있다. 원가 경쟁력의 확보를 위한 자동화시스템의 요구 증대와 인더스트리 4.0의 영향, 인간과 로봇과의 협업 증대, 고품질 요구 증대 등이 성장 동인이 되고 있다.

제품 원가의 절반을 차지하는 부품의 상당 부분을 수입에 의존하는 점과 인력 등 인프라가 부족한 점도 문제다. 수직다관절로봇의 경우 감속기, 모터 등 주요 부품의 47%를 수입에 의존하고 있고, 주요 외국기업이 시장을 선점하여, 국내 부품기업의 시장 진입도 쉽지 않다. 로봇 관련 고급 인력도 부족하다. 특히 인공지능, ICT 융합 분야의 고급인력의 부족은 심각한 수준이다. 산업부의 실태조사에 따르면, 로봇기업의 45.1%가 전문인력의 부족으로 기술 개발이 어렵다고 호소하고 있다.

◘ 인공지능 수직다관절로봇의 모습

산업용 로봇의 종류와 구조를 알아보다

우리나라도 10대 차세대 성장 동력의 하나로 지능형 로봇이 선정되었다. 우리 정부도 소득 3만 달러 시대를 여는 핵심 기술의 하나로서 지능형 로봇의 기술 개발에 전력을 쏟고 있다. 지능형 로봇의 3대 핵심기술은 지능기술(IT, BT, 뇌공학), 로봇의 행동을 제어하는 제어기술, 부품기술(센서, 구동기, 제어기) 등으로 나눌 수 있으며, 지능형 로봇은 산업용 로봇과 서비스용 로봇으로 분류된다.

지능형 로봇 중 산업용 로봇 종류에 대표적인 로봇은 다음과 같다.

직교좌표로봇(Cartesian Coordinate Robot)

정의

직교좌표로봇은 직선 축으로만 구성되어 있는 로봇이다. 이때 X축은 좌우운동, Y축은 전후운동, Z축은 상하운동을 나타내는데 사용된다. 이러한 구조는 각 축의 운동이 어떤 한 방향에 제한을 받으며, 다른 2개의 축과는 서로 독립적이다. 또한 잡은 물체의 방향을 바꿀 수 있도록 끝에 회전축을 붙여 4축으로 만든 직교좌표로봇도 있다.

❏ 직교좌표로봇

직교좌표 공간에서(XYZ)에서 로봇의 작업 공간은 정육면체이거나 직육면체이므로 로봇이 수행하는 어떠한 작업도 이러한 작업 공간 내에 포함되는 운동이어야 한다. 또한 인간에게 가장 익숙한 좌표계가 90°씩 떨어져 이루는 직좌표계이기 때문에 일반 이용자가 쉽게 작업교시를 할 수 있도록 되어 있다.

직교좌표로봇은 흔히 'XYZ 로봇'이라고 불리며, 로봇의 핵심 부품은 모터의 회전운동을 직선운동으로 바꾸는 동력 전달 기구인 볼 스크루(Ball Screw)가 가장 많이 사용되고 있다. 또한 직교좌표의 특징으로 기본적으로 직선운동을 하기 때문에 각 운동의 방향으로 완전히 운동이 독립되어 있다는 것이다.

직교좌표로봇의 작업 영역의 모든 위치에서 기구학과 동역학이 변하지 않기 때문에 균일한 제어 특성을 가지고 제어가 간단하다.

또 위치에 따른 반복 정밀도의 변화는 거의 무시할 수 있으며, 세 방향이 서로 독립적인 운동을 하기 때문에, 한 축씩 모듈형으로 설계하는 것이 제어에 용이하다.

장점
- 직선 이동에 대하여 제어가 간단하다.
- 높은 기계적 강성, 정해진 위치에서의 반복 정밀도의 향상 및 권상하중(Weight-lifting) 능력이 작업 공간 내의 다른 위치에서도 변경되지 않기 때문에 무거운 하중을 운반할 수 있다.
- X축에 따른 작업 반경을 넓힐 수 있으므로, 큰 작업 영역에 용이하다.

단점
- 한 번에 한 방향으로만 이동하는 한계가 있다.
- 작업 공간 이외의 접근은 로봇지지대의 구조에 의해 손상을 받을 수 있다.
- 오버헤드(Overhead) 구동 메커니즘과 제어 장치를 가진 일부의 모델은 유지 보수가 어렵다.

응용 분야
- CNC 선반과 밀링 자동 장착
- 표면 마무리 가공 작업
- 오염 제거 로봇을 이용한 X-선 중선지 방사선 사진 촬영
- 픽 앤 플레이스(Pick and Place) 응용 분야

원통좌표로봇(Cylindrical Coordinate Robot)

정의

원통좌표로봇은 2개의 직선운동과 1개의 회전운동의 구조를 가진다. 1개의 회전능력인 자유도와 2개의 직선운동 자유도를 가진 로봇은 가벼운 운동을 수행할 수 있다.

첫 번째 좌표는 상하 좌표축에 대한 베이스 회전각이며, 두 번째 좌표는 로봇이 위치할 수 있는 각도에서 반지름 방향인 Y축의 입출운동에 해당한다. 마지막 좌표는 상항 방향인 Z축에 해당한다.

원통좌표로봇의 예로 반도체 웨이퍼이송로봇으로 웨이퍼를 정해진 구간으로 빠르게 정확하게 이송하는데 사용이 된다.

◘ 원통좌표로봇 중의 웨이퍼이송로봇

장점
- 넓은 수평 범위의 운동이 가능하며 원거리 범위 작업에 용이하다.
- 1축의 회전축 자유도에 설계에 따라 큰 적재하중 능력을 가진다.

단점
- 원통좌표로봇의 제어 시스템이 복잡하다.
- 회전축의 중력에 의한 관성을 이겨야 하므로, 기계적인 강성은 직교좌표형 로봇의 강성보다 낮다.
- 오버헤드(Overhead) 구동의 메커니즘과 제어장치를 가진 일부의 모델을 유지 보수가 어렵다.

응용 분야
- 코팅, 조립 일반전인 물류 이송
- 정밀도를 요구하는 반도체 웨이퍼 이송 장치
- 정밀 부품의 장착과 탈착
- 가공물 주소, 성형 사출

수평다관절로봇(Horizontal Articulated Robot)

정의

수평다관절로봇는 일반적으로 1개의 선형(일정의 수직) 운동이고 2개의 회전 운동으로써 특정 위치 좌표에 도달할 수 있다.

SCARA(Selective Compliance Aassembly Robot Arm)라 불리는 이 로봇

은 수직 요소인 베이스에 고정된 2개의 수평관절 세그먼트와 1개의 선형 수직운동 축을 갖고 있다.

1번째 회전 운동은 수직 축에 대한 어깨에 해당하며, 2번째 회전 운동은 수직 축에 대한 발꿈치에 대당되며, 3번째 선형 운동은 수직으로 상하로 이동하는 Z축에 해당된다.

다음 그림은 현재 시판되고 있는 SCARA 로봇이다.

◘ SCARA 로봇

장점

- 유연성이 높다.
- 최소의 설치 공간이 필요하다.
- 직교형, 원통형보다 더욱 정밀하며, 큰 작업 영역을 갖는다.

단점

- 프로그래밍이 복잡하기 때문에 매우 정교한 제어기가 필요하다.
- 2축, 3축의 최대 범위에 접근할 때 안정성이 떨어진다.

응용 분야

- 자동조립, 다이캐스팅 재료의 절단·절삭 분야
- 반도체 부품 검사 및 부품 착·탈착 분야
- 도장 및 접착제 도포 공정 분야
- 정밀 용접 분야

수직다관절로봇(Vertical Artivulated Robot)

정의

수직다관절로봇은 불규칙하게 형성된 영역에서 작업을 수행하고 2개의 기본 형상, 즉 수직과 수평 형상을 갖는다. 이 수직다관절로봇은 공간상의 어떤 지점에도 도달할 수 있도록 3개의 회전운동을 한다. 이러한 디자인은 2개의 링크와 어깨와 팔꿈치로 구성된 인간의 팔과 유사하며, 그리고 Z축에 대하여 베이스를 회전시킴으로써 공간상의 원하는 지점에 손목을 위치시킬 수 있다.

1번째 회전은 베이스에 대한 회전, 2번째 회전은 수평축의 어깨에 대한 회전, 마지막 운동은 팔꿈치에 대한 회전이다. 그것은 수평축에 대한 회전하지만, 이 수평축은 베이스와 어깨의 회전에 의하여 공간상의 어떠한 위치에도 존재할 수 있다.

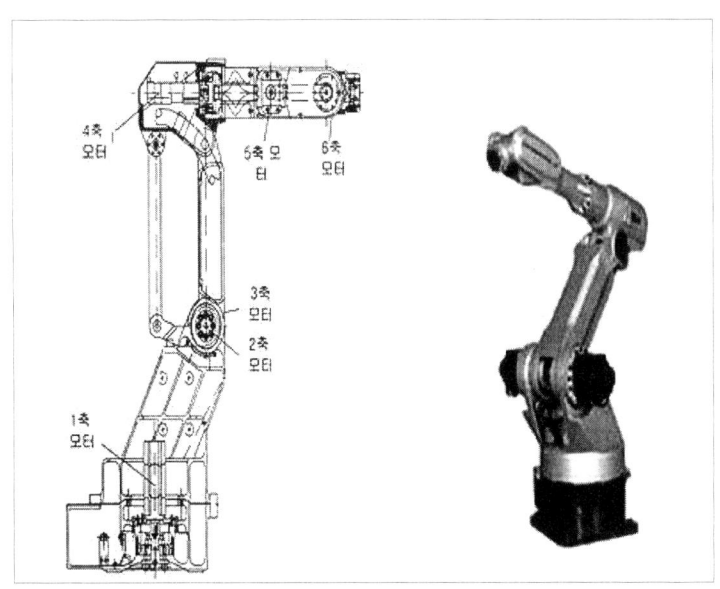

◘ 수직다관절로봇의 구조도

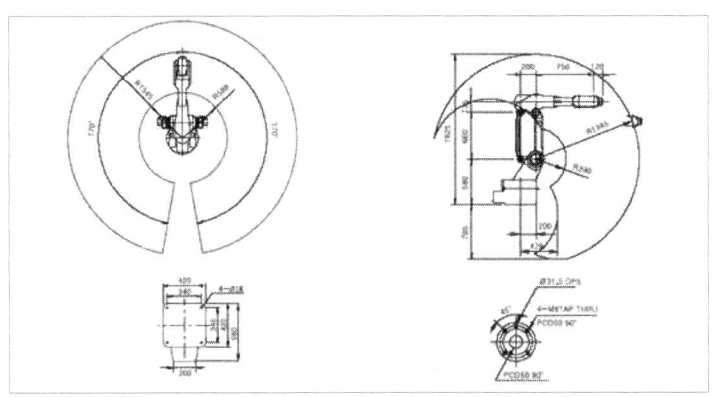

◘ 수직다관절로봇의 운동 반경

　작업 영역은 로봇을 위에서 보았을 때 원형이고, 측면에서 보았을 때 관절의 운동 한계로 인하여 내부의 부채꼴 모양을 가진 형태를 한다. 이러한 로봇의 형태는 다양한 방향으로 빠른 속도로 이동할 수 있으며, 주어진 위치에 다양한 각도로 접할 수 있다. 그러므로 이것은 도장과 용접에 매우 유용하게 응용된다.

장점
- 넓은 작업 영역을 갖는다.
- 고속, 고성능, 높은 신뢰성을 갖는다.
- 유지보수가 용이한 AC 서브 모터를 사용한다.

단점
- 가반하중에 대응하는 초적의 개별 단위의 설계가 필요하다.
- 프로그래밍이 복잡하기 때문에 매우 정교한 제어기가 필요하다.

응용 분야
- 자동조립 및 ARC 용접 분야
- 적재 공정 등 정밀 및 무거운 하중 이송 분야

◘ 소형 수직다관절로봇의 작업 모습

협동로봇을 활용한 자동화가 가능한 작업을 살펴보다

협동로봇(협업로봇, Cobot(코봇))을 활용한 자동화가 된 제조공정에서 어떤 작업이 가능한지를 10단계의 간단한 방법을 통해 알아본다.

> 작업량, 작업 범위 & 하중, 부품 & 배치, 작업자와의 협동, 연결성 & 통합, 작업 그리퍼 & 엔드 이펙터, 장착 & 안전장치, 작업 환경, 프로그래밍 & 로직, 향후 요구사항

코봇을 활용하기에 적합한 분야는 작업자의 기술, 분석적 사고, 즉각적인 결정 등을 요구하지 않으면서, 작업자의 주위에서 수행되는 반복 및 수작업 공정이다.

머신 텐딩(Machines Tending), 픽 앤 플레이스(Pick and Place) 작업은 코봇을 적용하기 좋은 분야이며, 특히 인체 공학적 부상을 초래하거나 다루기 위험한 작업과의 상호작용을 요하는 공정에 적합하다. 저자는 어렵고 힘든 작업과 단순반복되는 작업은 코봇을 활용하는 방안을 검토하는 것이 바람직하다고 본다.

단계_1 작업량

일반적으로 코봇이 단순한 작업에서의 속도는 사람이 작업하는 것과 비슷하다. 그러기 때문에, 수작업으로도 목표량을 쉽게 달성할 수 있는 작업은 로봇화를 권장한다.

물론 코봇은 단순작업을 중단없이 지속할 수 있으므로 생산성이 향상될 것이다. 또한 코봇은 일관되고 안정적인 결과물을 제공하기 때문에 작업자는 낮은 수준의 기술을 요하는 작업에서 벗어나 더 높은 가치를 창출하는 활동에 집중할 수 있다.

➡ 코봇을 사람보다 빠른 속도로 작동하려는 경우 작업자의 안전을 위해 별도의 시스템이 필요할 수 있다. 또한 로봇에게 적절한 이동 경로를 학습시키고 하중에 유의해야 한다. 사람과 유사한 작업 속도, 속도가 높을 경우 위험성 평가가 더 복잡해진다.

◘ 사람과 함께하는 로봇, 코봇 작업하는 모습

단계_2 작업 범위 & 하중

코봇은 다양한 크기로 생산되지만, 일반적으로 50인치(1,300mm) 이내의 도달 범위와 10kg 미만 하중의 이동 부품을 요하는 작업에 이상적이다. 전체 하중에는 코봇의 팔 끝에 장착된 기구의 무게도 포함해야 한다.

다중 공정에는 다양한 크기와 사양의 코봇 제품을 사용할 수 있다. 팔레트(Pallet) 적재와 같이 규모가 큰 작업보다는 작업자가 한 곳에서 수행할 수 있는 작업은 로봇화할 것을 권장한다.

➡ 도달 범위가 더 긴 대규모 작업의 경우, 다수의 코봇을 사용하거나 공정을 하나의 코봇의 작업 범위 내에서 진행할 수 있도록 생산 레이아웃을 변경해야 할 수 있다. 코봇을 적용하려면 제품 하중이 10kg 미만 및 작업 도달(허용) 범위 1,300mm 미만, 다수의 코봇 사용 또는 작업 도달 범위에 맞게 생산 레이아웃을 변경해야 한다.

단계_3 부품 & 배치

이동 부품의 크기와 형태가 일관된 경우, 엔드 이펙터(End Effector)에 집기 명령을 더 수월하게 내릴 수 있기 때문에 코봇 작업에 이상적이다. 프로그래밍을 더 쉽게 하기 위해서는, 부품을 테이블이나 트레이의 동일한 위치에 배치시켜 로봇이 동일한 과정을 계속해서 반복할 수 있도록 한다. 또는 정돈된 행렬(트레이 혹은 박스) 내에 부품을 배치시켜 로봇이 시작점과 끝점, 그리고 각

행과 열에 위치한 부품의 개수만 습득하면 작업이 가능하도록 만들 수도 있다. 일부 코봇은 사전에 프로그래밍이 적용된 적하 및 이송 기능을 갖추고 있다. 또한 일관된 크기와 모양으로 정돈되어 배치가 일정하지 않고 모양이 다양한 부품도 가능하다.

➡ 가능하다면, 부품을 확인하고 집어 올릴 때 비전시스템이나 센서를 사용하는 것은 피하는 것이 좋다. 특성(크기 및 형태)이나 배치가 일정하지 않은(박스 안에 뒤죽박죽되어 있음) 부품을 다루는 것은 물론 가능하지만, 그 과정이 더 복잡하다.

단계_4 작업자와의 협동

협동로봇은 기본적으로 작업자와 안전하게 협동하도록 설계되어 있다. 하지만 위험성 평가를 수행하면 상황에 맞게 사람과 로봇의 적절한 상호작용 범위를 규정하는 데 도움이 된다.

사람들이 모여 작업할 때와 마찬가지로, 위험 요소에는 가장자리가 날카로운 이동 부품, 절삭도구, 용접 토치, 그라인딩 휠 사용 등이 있다.

작업자는 작업 감독과 같이 자신이 잘 하는 작업을 맡고, 코봇에게는 반복적이고 수동적이며, 위험성이 있는 부품 및 기계를 다루는 작업을 맡기는 것이 이상적인 협동 환경이라고 할 수 있다.

➡ 코봇이 빠른 속도로 작동해야 하거나 안전과 관련하여 주의가 필요한 작업을 수행하는 경우, 사람이 작업 공간에 진입할 때 로봇 팔이 움직이는 속도를 줄이거나 움직임을 중지시키기 위한

라이트 커튼이나 안전 스캐너가 필요할 수 있다.

작업자와 코봇의 작업 공간과 상호 작용이 정해져 있어, 코봇의 작업 속도, 부품 및 엔드 이펙터에 대해 추가적 안전 대비책이 필요하다.

단계_5 연결성 & 통합

사용 중인 코봇이 어떤 설비와 어떤 형태의 상호작용을 해야 하는지를 생각해봐야 한다. 코봇이 단지 문을 열거나 부품을 싣고 내리는 것, 혹은 버튼을 누르는 것과 같은 작업만 대체해야 합니까? 아니면 로봇과 기계 사이에 더 긴밀한 통합이 필요합니까? 코봇이 설비와 더 긴밀하게 연관될수록 공정의 자동화가 더 복잡해진다.

➡ 내장된 디지털 I/O 제어기 혹은 Ethernet IP와 같은 이더넷 기반의 통신 프로토콜을 사용하면 코봇과 기계간의 긴밀한 통합이 더 용이해진다. 복잡함을 최소화하기 위해 기계간 상호 교류 기능을 사이클 시작이나 사이클 완성과 같은 기본적인 명령 정도로 제한해야 한다. 코봇은 사람과 기계와의 상호 작용을 모방하며, 코봇이 기본 사이클의 명령어를 넣어 기계의 Input/Output 신호를 직접 통합한다.

단계_6 작업 그리퍼 & 엔드 이펙터

로봇의 팔에는 부품이나 기계와 상호작용할 수 있는 엔드 이펙터가 장착된다. 흡입 컵, 부품을 들어 올리는 두 손가락(Two-fingered) 그리퍼, 스폿용접 도구, 페인트 스프레이 등 사용자의 요구 사항에 적합한 모든 것이 여기에 해당된다. 코봇 팔에 설치되는 흡입 컵과 그리퍼의 종류는 다양하며, 특정 응용 분야의 경우 3D 프린터나 전문 공급업체를 통해 맞춤도구를 제작할 수도 있다.

➡ 여러 공정에 하나의 엔드 이펙터(End Effector)를 사용하는 것이 가능하거나 아니면 작업마다 각기 다른 도구가 필요하다. 기존의 틀에 맞추어 제작된 도구는 단순하고 경제적이긴 하지만, 맞춤형 도구가 비록 복잡도는 늘어나더라도 용도에는 더 적합할 수 있다. 로봇의 팔은 표준 그리퍼로 들어올리기 쉬운 일관된 특성의 부품, 다양한 크기와 형태의 부품 혹은 맞춤형 엔드 이펙터다.

단계_7 장착 & 안전장치

아주 단순한 응용 분야의 경우, 코봇은 고정되어 있는 한 지점에서 같은 작업을 반복해서 진행한다.

가볍고 프로그래밍이 간편한 코봇은 한 공정에서 다른 공정으로 이동할 수 있으며, 이동 편의성을 높이기 위해 카트 위에 장착할 수도 있다. 단, 유의해야 할 점은 코봇이 이동할 때마다 해당 작업 공간에 맞게 부품이나 기계가 코봇이 예상하는 지점에 위치해야 한다는 것이다.

프로그램은 티칭 펜던트에 저장되며, 버튼을 눌러 다시 불러올 수 있다.

➡ 위험성 평가 결과에 따라 다르긴 하지만, 대부분의 경우 코봇은 추가적인 안전 장치나 센서를 필요로 하지 않다. 힘 및 토크 제한에 관한 최신의 안전 요구사항을 준수하는 기능이 내장되어 있으므로, 코봇은 작업자와 충돌할 경우 자동적으로 작업을 중단하여 신체상의 피해를 유발하지 않는다. 이것이 안전 작업의 풀 푸르프 장치이다.(저서 『Fool Proof는 불량발생을 봉쇄시키는 보증수표다』를 참조바랍니다) 로봇이 한 지점에 설치되어 일반적인 작업자의 속도로 움직이고, 로봇이 고속으로 이동 및 작업을 수행할 경우에는 별도의 안전 대책이 필요하다.

단계_8 작업 환경

코봇은 사람이 일할 수 있는 거의 모든 환경 내에서 온도나 소음, 먼지에 관계없이 작업이 가능하다. 또한 인증을 받은 경우 위생 환경이나 클린룸 내에서도 사용이 가능하다. 그러나 작업자뿐만 아니라 모든 장비가 그러하듯, 극한의 환경에서는 코봇에 추가적인 보호장치가 필요할 수 있다.

➡ 보호커버는 극도의 온도나 습도, 유체나 부식성이 있는 환경, 티끌, 먼지 혹은 파편과 같은 미립자로부터 로봇 팔을 보호해준다. 이러한 커버는 대부분 규격품으로 구매가 가능하나, 더 극한의 상황일수록 자동화 과정은 더 복잡해진다. 작업자를 위한 표준 작업 환경, 위생 환경 또는 클린 룸 수준의 요구조건을 갖는 극한 환경 또는 응용 분야에서도 사용이 가능하다.

단계_9 프로그래밍 & 로직

코봇이 상호작용해야 하는 기계나 장치의 수가 많을수록, 작업은 더 복잡해진다. 일관된 특성의 부품이 정돈되면서 단순하게 배치되어 있는 픽 앤 플레이스 작업은 불과 몇 분 내에 프로그래밍이 가능하다. 다른 작업이나 부품 유형으로 변경하는 것 역시 대부분 빠르고 쉽게 진행이 가능하다. 로봇이 외부 센서나 제어 장치로부터 최소한의 간단한 피드백만으로 작업 수행이 가능한 공정은 자동화에 적합하다.

➡ 부품을 확인하고 들어 올리는 데 비전시스템이나 힘의 감지가 필요하거나, 로봇의 성능이나 다른 기계와의 상호작용을 모니터링하고 제어하기 위한 피드백 장치가 필요한 경우, 공정은 더 복잡해진다. 코봇은 단순하고 일관된 픽 앤 플레이스 공정, 시야 보조, 힘 또는 안전 감지를 필요로 하는 응용 분야이다.

단계_10 향후 요구사항

코봇을 처음 사용하는 경우, 너무 거창한 계획을 세우지 않는 것이 좋다. 물론 계획을 전혀 세우지 말라는 의미는 아니다. 몇 번의 성공을 하게 되면, 모든 수작업을 새로운 시각으로 바라보는 자신을 발견할 것이다. 사용 가능한 코봇을 조사하고 현재 요구사항을 충족해 주는 코봇이 미래의 요구사항도 해결해 줄 수 있을지를 검토해봐야 한다. 또한 코봇을 사용하다 보면, 처음에는 어렵게 보였던 것들이 이제는 충분히 가능하다는 사실을 발견하게 될 것이다.

➡ 코봇은 유연하고 가벼우며 프로그래밍이 쉽기 때문에, 생산 현장에서 새롭고 더 발전된 응용 상황에 활용해 볼 수도 있다. 다양한 크기와 사양의 코봇을 선택하고 활용하다 보면, 습득한 지식을 쉽게 응용하고 새로운 작업을 빠르게 개시할 수 있다.

Universal Robots社는 2005년 작업하기에 안전하고 스스로 공정을 간소화하는, 작고 사용자 친화적이며 합리적인 가격대인 유연한 산업용 로봇을 개발하여 안전한 작업 환경을 제공하고자 창립되었다.

2008년 최초의 로봇을 런칭한 이래로 Universal Robots社는 현재 전 세계 50여 개 국가에서 판매되고 있는 사용자 친화적 로봇으로 전 세계 점유율 50% 이상을 차지할 정도로 크게 성장하였다. 또한 국내에서도 협동로봇을 가장 많이 판매한 회사이다.

◘ 유니버설社의 협동로봇이 작동하는 모습

중소기업에서 협동로봇을 적용하기 위한 해결 방안

과연 중소기업이 협동로봇을 금액대비 예상투자효과를 보고 채택할지가 의문이다. 중소제조업이 협동로봇을 적용하려면 10백만원 이하 시스템으로 값싸게 만들기 위해서는 대기업의 참여는 바람직하지 않다. 국내 D社의 경우 가반하중 6kg의 협동로봇 가격이 30백만원이라 수입한 로봇과 가격 차이가 별로 없다.

국내 로봇산업의 가격 경쟁력을 확보하기 위해서는 현재 일본에 의존하고 있는 감속기, 모터, 센서 등 핵심부품의 국산화 노력도 시급하다. 특히 6축 다관절로봇, 협동로봇 가격도 1,000만 원 이하로 코스트 다운해야 중소기업에 적용이 가능하다.

협업로봇 : 기계 근육에 인간의 정교함을 더하다

사람들이 처음 만들어낸 로봇이라는 개념은 매일의 지루한 작업을 수행함으로써 필멸의 주인을 돕는 인간을 닮은 자동장치였다.

예를 들어, 체코의 작가 카렐 차펙(Karel Čapek)은 집과 정원에서 사람을 닮은 로봇(일반적으로 'Robot'이라는 단어는 슬라브어의 작업을 의미하는 Robota에 뿌리를 두고 있다고 추측된다)이 가사를 수행하는 것을 묘사했다. 차펙의 1921년 연극 '로숨의 유니버셜로봇(Rossumovi Univerzální Roboti)'은 최소한 처음에는 기쁘게 가사일을 하는 로봇에 대한 내용을 담고 있다.

그러나 이제는 인간화된 '서비스' 로봇이 차펙이 그렸던 가능성을 실제로 실현해 나가기 시작했다. 최근 급격하게 발전한 컴퓨팅 성능과 인공지능(AI),

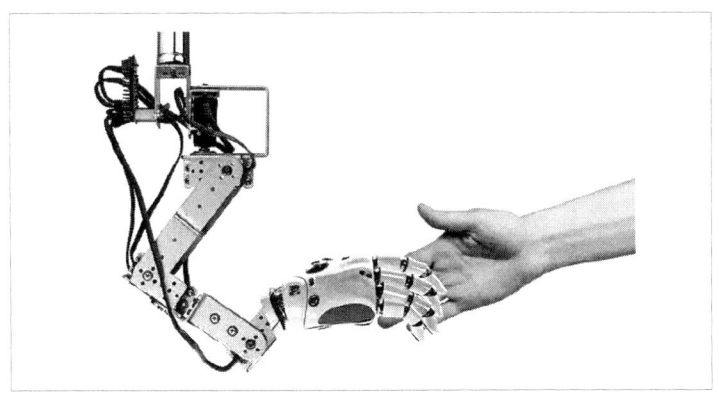

◘ 로봇팔과 손의 모습

전기-기계 기술로 인해 특정 분야(예를 들면 선진국 인구의 고령화에 대응하기 위한 방안으로)에서 상업용 서비스로봇이 소개되기 시작했다.

산업용 로봇의 혁명

서비스로봇이 등장하기 전에는 로봇 공학의 발전은 주로 제조업 등의 산업에 의해 주도돼 왔다. 전자공학과 소프트웨어가 로봇 기술을 실제 사용할 수 있는 수준으로 끌어올리고, 가격을 크게 낮추면서, 로봇은 1970년대에 파이프라인을 연마하고, 자동차를 함께 용접하고, 냉장고에 페인트칠을 하거나 가구를 조립하는 조립 라인 등에 도입되기 시작했다. 반복적이고 정밀하며 실수없는 작업이 필수적인 대량생산 분야에서 로봇은 인간을 점차 밀어내기 시작했다. 제조업체는 휴식이나 병가, 급료 인상 또는 노동조합을 요구하지 않는 로봇의 채택을 점차 늘려 나가기 시작했다. 물론 산업용 로봇은 값이 싸지 않지만, 초기 투자비용을 보전할 수 있도록 수년에 걸쳐 안정적인 서비스를 제공하기 때문이다.

오늘날의 산업용 로봇은 공상과학 소설 속의 기계 인간과는 전혀 다른 모습을 보여준다. ISO(International Organization for Standardization)은 산업용 로봇을 '3축 이상의 프로그래밍이 가능한 자동제어, 재프로그래밍이 가능한 다용도 조작기기로, 산업 자동화 분야에서 사용하기 위해 고정식 또는 이동형으로 구성될 수 있다'고 정의하고 있다. 즉, 산업용 로봇은 공장에서 강력하고 거대한 팔로, 작업을 신속하고 반복적으로 정확하게 수행하는 기기를 말한다.

인간 작업자와 로봇의 팀 작업

그러나 인간은 여전히 제조 분야에서 중요한 역할을 수행한다. 체력이나 속도, 정밀도가 부족한 인간 작업자들은 손재주와 유연성, 문제 해결 능력으로 이를 보완한다. 그리고 전 세계의 많은 지역에서 노동력은 아직 저렴한 수준을 유지하고 있다. 따라서 저렴합니다. 따라서 제조 상품의 종류가 자주 바뀌고, 다양한 종류의 숙련된 기술이 필요한 까다로운 조립 과정에는 아직도 인간 작업자가 훨씬 유리하다.

로봇과 인간의 영역 사이에는 두 영역의 재능이 조합됨으로써 제조 생산성

🔹 펜스를 벗어나 작업자와 협업하고 있는 쿠카의 협동로봇

을 대폭 향상시킬 수 있는 영역이 있다. 상대적으로 소량 생산을 하는 경우, 그리고 비교적 고부가가치 제품을 제조할 경우가 바로 이런 경우에 해당한다. 로봇으로 부품 선택이나 작업자에게 부품을 가져오고 조립할 수 있도록 들어 올리는 등의 반복되는 조립 공정의 일상적인 작업을 자동화해 생산성을 크게 향상시킬 수 있다.

이는 자동차 생산 라인의 거대한 산업용 로봇이 할 수 있는 작업이 아니다. 우선 기존의 산업용 로봇은 지나치게 비싸고, 거대한 규모와 무게, 힘으로 인해 작업자의 안전을 위협할 수 있기 때문이다.

이것은 자동차 조립 라인의 금속 괴물을 위한 직업이 아니다. 하나는 구매와 운영에 비용이 너무 많이 들고 더 중요한 것은 정점 육식 동물과 마찬가지로 인간에게 위험하다는 것이다. 이런 산업 로봇과 인간 작업자가 함께 일하는 것은 마치 동물원의 사자 옆에 아이를 두는 것이나 마찬가지로 재난의 발생은 필연적이다.

그래서 새로운 유형의 '친숙한' 로봇이 이 틈새시장을 채우고 있다. 간단히 말해 협업로봇(Cobot, 코봇)이라고 부르는 이 기계는 가볍고 일반적인 사람 정도의 크기에 저렴하기 때문에 동료 인간 작업자들에게 큰 위화감을 주지 않는다.

코봇 디자인에서 주의해야 할 문제

코봇 설계는 까다로운 작업이다. 다양한 조립 라인 작업을 수행하는 것은 그리 간단하지 않지만 충분히 해결할 수 있는 문제다. 더 큰 문제는 주변의 인간 작업자가 다치지 않도록 해야 한다는 것이다. 엔지니어는 힘이나 속도,

반복성과 같은 작동 매개 변수를 동작 센서와 힘 제한 장치, 최적화된 설계 (핀치 포인트 제거 등)와 같은 안전 요소와 결합해야 한다. 인간 작업자가 작동 범위에 들어가면 코봇을 멈추기 위해 센서를 사용하는 것은 상대적으로 간단한 방법이지만, 인간과 로봇이 상호작용해야 할 경우가 있다면, 이런 방법은 사용하기 쉽지 않다. 따라서 코봇의 관절 부분을 작업자에게 너무 큰 충격을 가하지 않도록 어느 정도의 유격을 갖출 필요가 있다. 반대로 오늘날의 산업용 로봇은 이런 유격을 없애기 위해 높은 정밀도와 정확도를 갖춘 조인트를 갖추고 있다. 이런 정확도를 유지하면서 안전을 위한 여유를 제공하기 위해서는 새로운 설계 기법이 필요하다.

하드웨어뿐만 아니라 소프트웨어에서도 문제는 존재한다. 산업용 로봇은 숙련된 기술자가 프로그래밍해야 한다. 새로운 모델의 자동차 제조 라인을 구성할 필요가 있을 때, 하기 위해 어쩌다 한번 이뤄지는 업데이트가 필요한 경우, 이전 모델과 함께 용접하는 것이 그리 큰 문제는 아니다. 반대로 코봇은 새로운 제품의 빈번한 출시에 대처하기 위해 인간 작업자들이 쉽게 프로그래밍할 수 있어야 한다. 예를 들면 로봇 팔을 수동으로 정해진 위치에 이동시키는 것과 같은 간단한 방식으로 기계의 작업 순서를 학습시킬 수 있어야 한다. 그러나 이러한 간단한 프로그래밍을 지원하기 위해 기반이 되는 복잡한 구조는 아직 완벽하게 개발되지 않은 상태다.

코봇의 디자인은 아직 초기 단계에 있으며, 이를 위한 지침은 아직 충분치 않은 상황이다. 협업로봇에 대한 국제 안전 표준은 작업장에 대한 첫 번째 모델의 도입과 병행해 개발되고 있다. ISO 10218 표준은 협업로봇에 대한 몇 가지 특정 부분에 대한 지침을 제공하며, ISO 15066은 협업 작업에 대한 대략적인 몇 가지 규칙을 규정하고 있다. 현재 ISO 기술위원회 (Technical Committee, TC) 184/SC 2(로봇과 로봇 기기를 위한)가 초안을 작성한 기술 표준(Technical Specification, TS)은 국제 표준보다 한 단계 하위

◘ 유니버설로봇의 외관 모습

의 개념으로, 코봇 디자인을 위한 지식 체계에 훨씬 더 많은 정보를 제공할 것을 약속하고 있다.

(출처 : 월간모션컨트롤 2018년 8월호)

저자소견_

영국 바클레이 은행의 분석가들은 코봇시장이 2015년 1억 1,600만 달러 규모에서 2025년에 이르면 115억 달러까지 성장할 것으로 추정하고 있다. 이는 대략 현재 산업용 로봇시장 전체에 해당하는 거대한 규모로, 새로운 유형의 '친숙한 로봇'이 로봇시장을 채우고 있다. 간단히 말해 협업, 협동로봇(Cobot, 코봇)이라고 부르는 이 기계는 가볍고 일반적인 사람 정도의 크기로 저렴하기 때문에 로봇동료인 작업자들에게 위화감을 주지 않는 것이 특징이라서, 향후 조립공정 적용에 점차 증가될 것으로 본다.

로봇 전문기관들에 따르면, 로봇의 수요는 폭발적으로 증가하고 있으며 로봇의 일상화는 계속될 것으로 보고 있다. 따라서 로봇시장은 중장기적으로 고도성장할 것으로 전망하고 있다.

또한 IFR 세계 로보틱스 리포트에 따르면, 2015년과 2021년 사

◘ 유니버설로봇의 그리퍼 모습

이 전 세계적으로 연간 로봇 설치가 두 배 이상 증가했으며, 2021년 산업용 로봇 설치는 전년 대비 31% 증가하며 사상 최고치를 기록했다고 한다.

Boston Consulting Group에 따르면 2025년까지 제조 공정의 25%는 제조용 로봇이 차지하며, 이중 50% 이상은 중국, 미국, 일본, 독일 등이 차지할 전망이다. 한편, 한 전문가는 협동로봇의 가파른 성장이 기대되는데, 2015년까지는 제조 로봇의 1%에 불과했지만 2025년까지는 37%, 92억 1천만불까지 성장할 전망이 있다고 보고 있다.

제3장_

중소제조기업에서 로봇자동화의 도입은 이렇게 한다

세계적인 전기전자기업 지멘스社가 독일 중소도시 암벡에서 운영중인 공장은 세계 최고의 수율을 자랑하는 자동화 공장이다. 100만 개의 제품 중에서 12개가 결함을 보여 수율 99.9988%를 달성했다.

중소기업실태조사에 따르면, 국내 중소제조기업 중 33.7%가 '생산성의 향상을 위해 추진할 부분'으로 "생산설비의 개선(자동화)"을 꼽았다. 그러나 자동화 공정의 핵심인 로봇 도입을 적극적으로 추진하는 업체들은 많지 않다. 국내 중소제조업체가 로봇 도입을 망설이는 첫 번째 이유가 초기 투자비용의 부담 때문이라고 밝혔다.

〈현재〉
다관절로봇+제어시스템+기구시스템+로봇용 그리퍼 ➡ 약 60백만원 이상
〈최종 목표〉
직교로봇+제어시스템+기구시스템+로봇용 그리퍼 ➡ 약 20백만원대 이하

스마트팩토리의 로봇자동화를 도입하기 위한 전제조건을 알아보다

회사 전체의 '기본 관리'나 '기본 기술'의 수준이 안 되어 있는 공장에 무조건 로봇을 추진하게 되면, 비용도 많이 들고 로봇의 가동률이 떨어져 생산에 막대한 손실을 준다. 그래서 현재의 작업 공정을 보다 간단하고, 보다 편하고, 보다 쉽게 공정의 혁신과 로봇으로 생산 제품이 용이하게 작업되도록 공정 합리화 및 생산 제품의 설계 개선 등을 선행해야만 한다.

전제조건_1
기본이 안 되어 있는 공장은 먼저 '공정의 합리화 활동'을 해야 한다

먼저 회사 전체의 3정(정위치, 정품, 정량), 5S(정리, 정돈, 청소, 청결, 습관)가 제대로 안된 공장에 무조건 로봇을 추진하게 되면, 제조 공정이 복잡해져서 비용이 많이 든다. 결국 투자자본 수익률을 맞출 수 없어 존폐의 위기에 몰린다. 그러므로 하드웨어나 소프트웨어의 솔루션을 받아들일 수준을 만들기 위해 기본이 안 되어 있는 공장은 먼저 '공정의 합리화 활동'을 선행해야 한다.

1단계_ 낭비 제거의 실시

3정5S, 개선의 시발점이며 기본 관리를 확립한다.

2단계_ 공정 합리화

현재 공정을 보다 쉽고, 보다 간단하고, 보다 편하게 개선하여 기본 기술을 확립한다.

3단계_ 로봇 자동화

소형 자동화, 부분 자동화, 반자동화를 추진해야 한다.

4단계_ 생산설비의 Fool Proof화

제품 불량 등 디지털 데이터화로 품질을 개선(휴먼 에러 제로화)시킨다.

용어설명

FP(Fool Proof)란 무엇인가?

FP는 Fool의 '바보'와 Proof의 '증명'을 나타내는 뜻이다. Fool+Proof를 혼합하면 '바보라도 할 수 있는, 매우 간단한, 과실방지가 장치'를 의미하며, 제조 현장에서 불량품의 생산이나 안전사고 등을 미연에 차단하는 시스템이다. Fool Proof는 이상의 발생을 방지하거나 이상이 발생하면 라인을 멈추기 위한 저렴하고 신뢰성이 높은 실수방지기구이며 아이디어이다.

치공구의 3대 요소

동일한 여러 개의 가공품을 가공·조립하기 위해서는 어느 가공품이나 동일한 위치에 장착이 되어야 하고 가공·조립 중에는 움직이지 않아야 한다. 여기서 가공품이 동일한 위치와 같다는 것은 그 각각의 가공품이 같은 기준에서 위치가 결정된다는 것이다. 그리고 가공품이 움직이지 않기 위해서는 가공·조립시 가해지는 외력에 견디어야 한다. 따라서 치공구의 3대 요소는 기준 설정(Guide), 위치 결정(Positioner), 클램프(Clamp; 조임)이다.

5단계_ 로봇자동화의 핸드(그리퍼) 유닛 최적화

고객의 요청시 저자가 직접 최적의 조건(치공구의 3대 요소 적용)으로 그리퍼 컨셉 설계를 만들어 로봇자동화의 가동률을 높인다. 24시간 돌아가는 자동화 라인에서 사람의 손을 대신하는 산업용 로봇의 그리퍼. 공작물을 집고 이송하는 로봇의 '그리퍼'는 없어서는 안될 필수품이다.

GE, GM, 메이시, 토이저러스 등 세계적인 제조업, 유통업의 강자들이 어려움을 겪고 있는 것은 전통적인 경영으로는 충분하지 않다는 반증이다. 선풍기를 예로 들면 일하는 시간을 줄이면서 생산성을 유지하려면 디자인, 자재 관리, 공정 관리를 잘 해야 하지만 그래봐야 그냥 선풍기일 뿐이다. 날개 없는 선풍기를 개발한 다이슨社처럼 획기적이고 창의적인 제품을 만들어야 한다.

시간당 생산성을 꾸준히 높이려면 모든 자원의 관리를 최적화할 뿐 아니라, 창의를 통해 시간당 생산성을 획기적으로 올릴 수 있는 가치를 창출하여야 한다. IT 기술을 비롯한 간이자동화 시스템의 도입, 사무 공간의 모바일·클라우드의 환경 구축 등 생산성의 향상을 위한 투자와 제도 개선도 하나씩 이루어져야 한다.

전제조건_2
로봇자동화를 도입하기 전 사전 검토가 필요하다

로봇자동화시스템을 도입하려면 제품, 환경, 로봇 등을 사전에

아래와 같은 내용으로 검토를 해야 한다.

- **제품을 분석해야 한다**
  - 제품 설계의 변경, 공정의 변경이 가능한지를 분석한다.
  - 조립성 및 작업성을 평가하고 개선 방안을 검토한다.
  - 부품의 신뢰성을 평가하고 개선 방안을 검토한다.
  - 제품의 모델 수를 파악하고 부품의 공용성을 분석한다.

- **환경을 분석해야 한다**
  - 생산 방식과 유연성을 함께 분석한다.
  - 3~5년 후의 제품의 추이를 분석한다.
  - 로봇 관리능력, 관리체계 등을 분석한다.

- **로봇 사양을 분석해야 한다**
  - 제약 사양 : 설치 공간, 투자 규모, 가용 인원 등을 검토한다.
  - 기능 사양 : Tact Time, 생산량, 생산제품의 모델변경시 대응성 등을 검토한다.
  - 목표 사양 : 연속 운전 시간, 가동률, 양품률 등을 검토한다.

- **제품의 원가를 낮추고 제품의 가치를 높여야 한다**
  - 가공성 : 간단한 생산설비에 넣기만 하면, 제품이 만들어지는 구조가 되어야 한다.
  - 공급성 : 부품을 쉽게 저장하고 정렬하고 분리 공급이 가능한 제품 구조가 되어야 한다.
  - 조립성 : 한쪽의 눈으로 한쪽의 손으로 조립할 수 있는 제품 구조가 되어야 한다.
  - 취급성 : 제품을 떨어뜨려도 변형이 되지 않고 서로 엉키지

않는 운반박스에 넣어 흔들어도 손상이 없는 제품 구조가 되어야 한다.

제품의 원가를 낮추고 제품의 가치를 높이기 위해서는 적어도 위에 4가지 사항은 만족시켜야 한다. 물론 부품 그 자체도 보다 싸고 빠르고 100% 양품으로 만들 수 있는 제품 구조이어야만 한다. 즉, 신뢰성을 갖는 제품 구조를 말한다.

> **전제조건_3**
> 로봇자동화의 가동률을 높이고 로봇시스템의 투자비용을 저렴하게 하기 위한 제품 설계의 개선이 필요하다

로봇자동화를 적용하는 공정은 검사 공정, 가공 공정이나 조립 공정, 기타 공정 등 로봇자동화의 가동률을 높이고, 또한 로봇시스템의 투자비용을 저렴하게 하기 위함이다.

다음은 제품의 설계를 개선하기 위한 15가지 방안으로, 사전에 검토는 반드시 필요하다.

❶ 제품의 표준화, 계열화, 모델의 제품 수를 줄인다.
❷ 제품의 위치 결정 기준을 부여하고 표준화시킨다.
❸ 부품의 표준화, 계열화, 공용화, 복합기능화를 시킨다.
❹ 부품의 총 수량을 줄이고 Sub-Ass'y화, Unit화시킨다.

❺ 부품의 위치 결정 기준을 부여하고 표준화시킨다.

❻ 부품의 치수 및 품질의 균일화, 조정 작업을 배제시킨다.

❼ 삽입, 압입하는 끼워맞춤부의 상호 입구의 면취를 확대시킨다.

❽ 대칭형은 완전 대칭화, 비대칭형은 완전 비대칭화시킨다.

❾ 단순조립의 방법, 수직 일방향의 조립방법 등을 채택시킨다.

❿ 나사, 납땜, 와이어 등 배제시키고 부품간의 엉킴을 방지하는 구조가 되어야 한다.

⓫ 부품은 안정된 형상으로서 한 손으로 조립 가능한 구조가 되어야 한다.

⓬ 다른 부품과 조립시 움직이거나 간섭이 없는 구조가 되어야 한다.

⓭ 부품의 내측보다 외곽부에 특징을 갖는 구조가 되어야 한다.

⓮ 복수의 부품이 연결된 경우 흔들거리지 않는 구조가 되어야 한다.

⓯ 하나의 공구만으로 조립, 조정이 가능한 구조가 되어야 한다.

다음 그림은 LG전자 비디오사업부 테크 및 총 조립라인의 제품설계 시 개선한 사례이다.

조립자동화 前後의 부품 설계 변경 방안

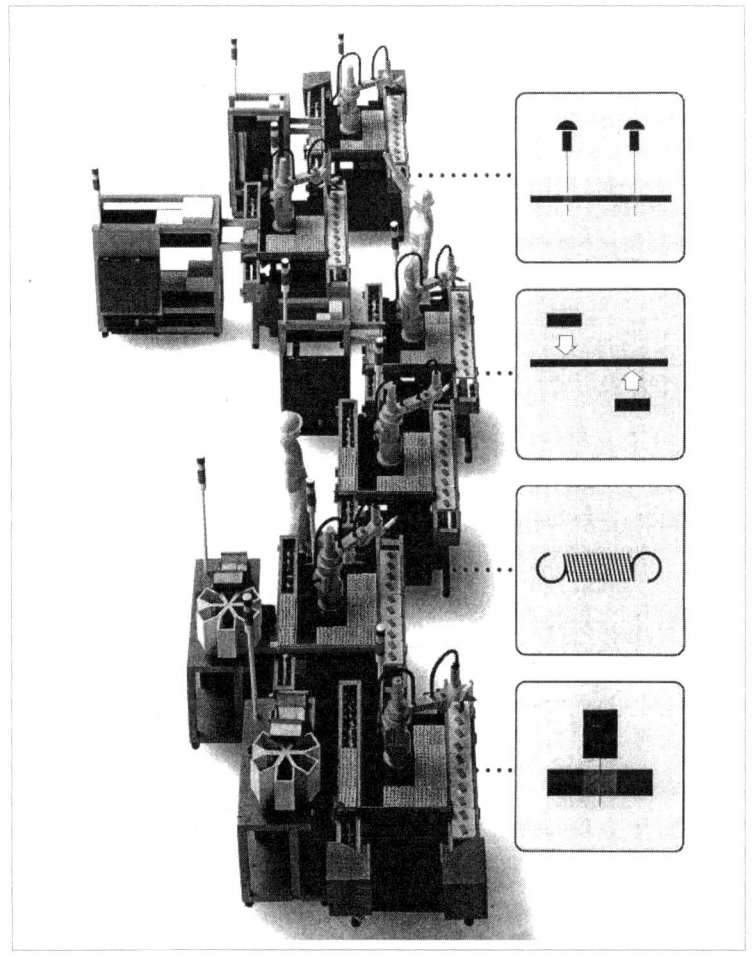

◘ 개선 前

조립라인(자동화)의 성패는 합리적인 작업과 원활한 흐름의 확보에 의존하고 있다. 그래서 그것은 제품 설계의 단계에서부터 전체적으로 운명에 부쳐지고 있다. 그러므로 사전의 작업으로서 "조립 쉽게 하기"의 검증이 중요하다.

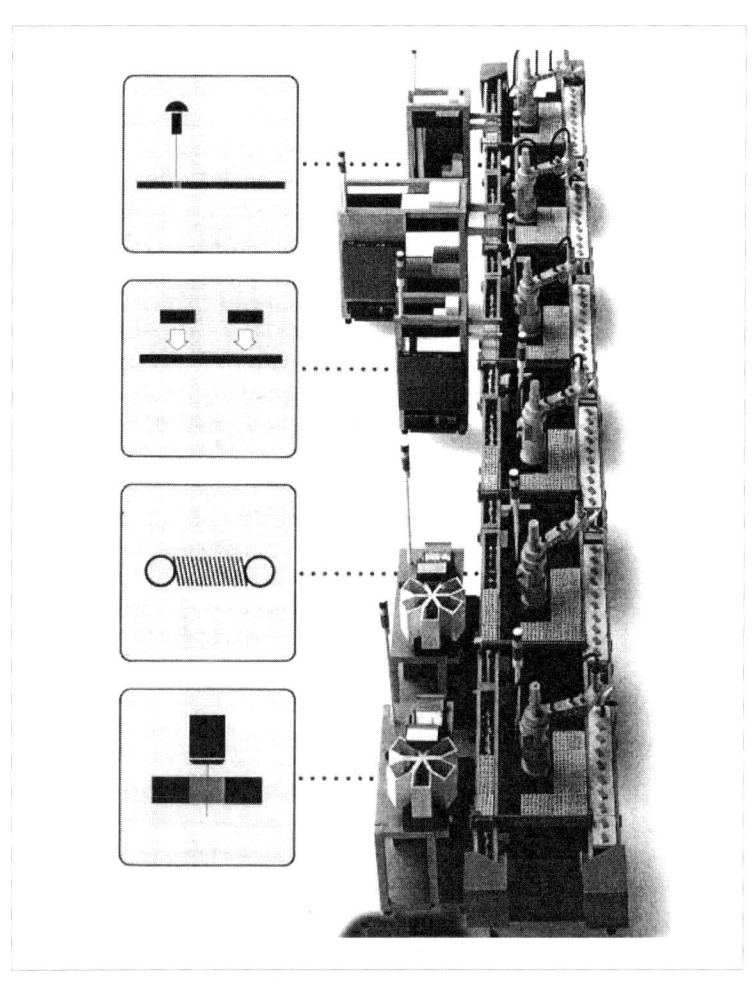

◘ 개선 後

 고품질, 고기능의 추구를 위한 제품 설계에서 특히 "조립 쉽게 하기"를 고민해야 한다. 경제적인 라인과 생산성의 향상은 제품 형상을 평가하는 것으로부터 나온다.

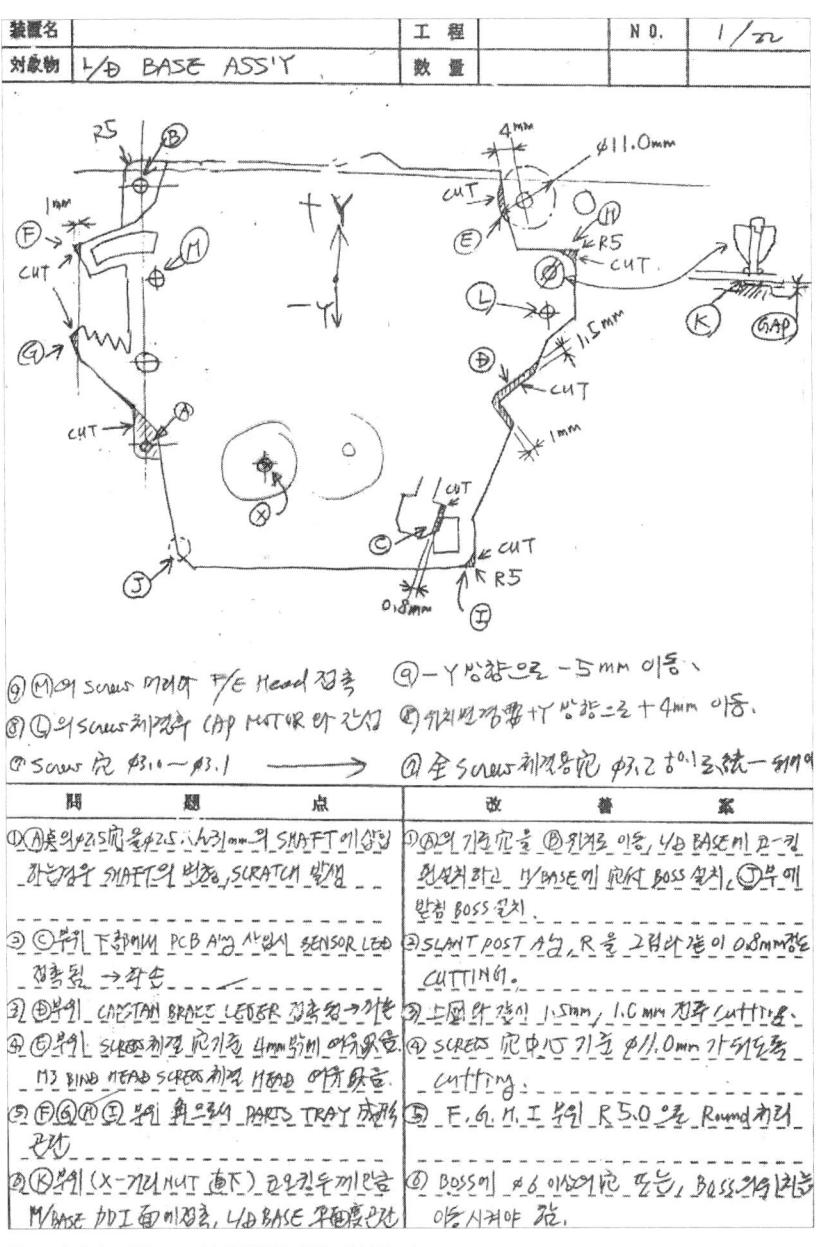

로딩베이스제품의 로봇자동화를 위한 개선안 검토

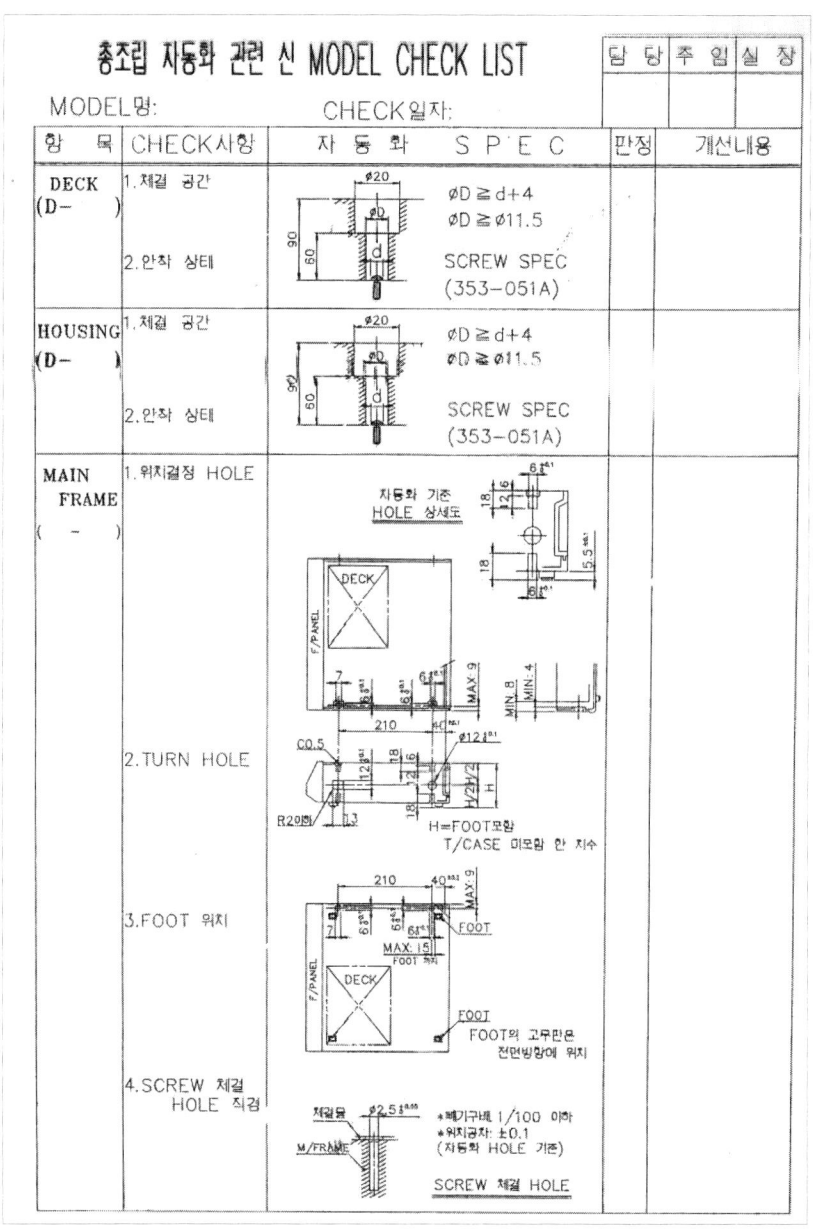

■ 총조립 자동화를 위한 신모델 제품의 체크리스트_1

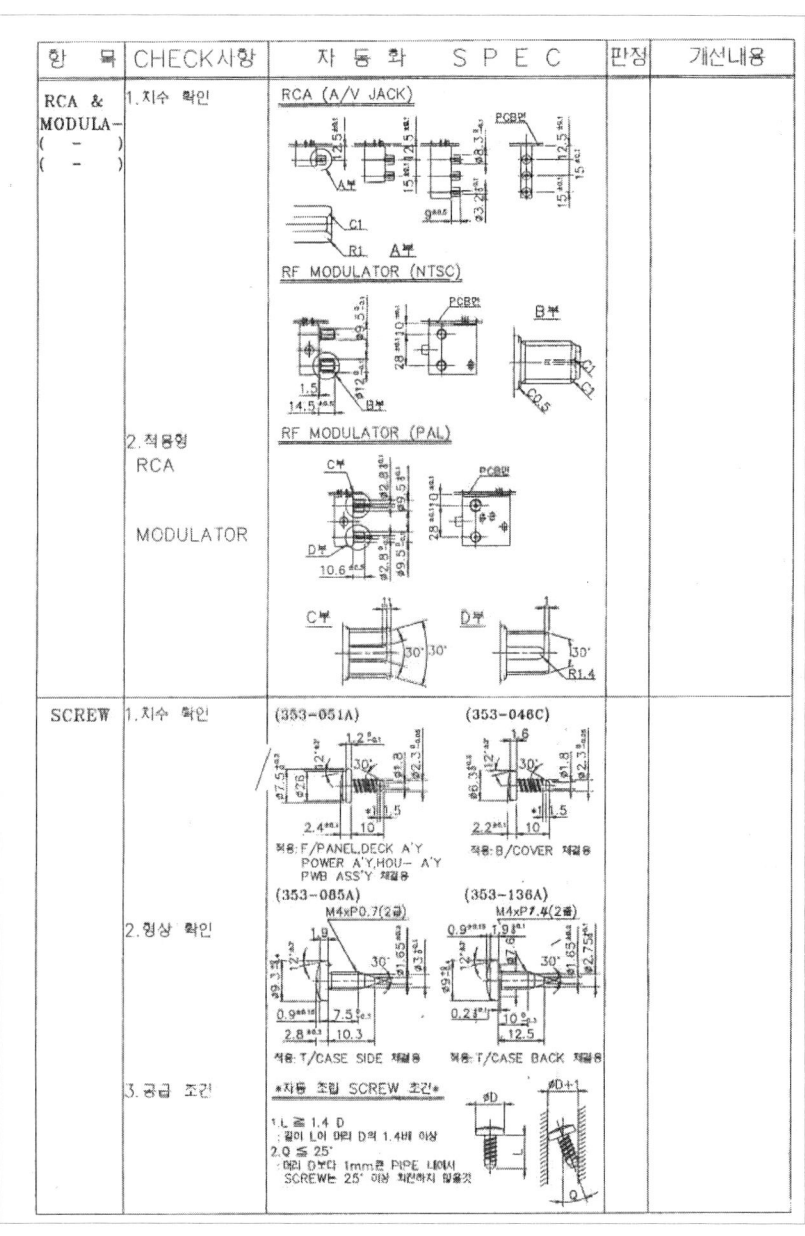

▣ 총조립 자동화를 위한 신모델 제품의 체크리스트_2

스마트팩토리의 로봇자동화를
도입하기 위한 해결방안을 알아보다

로봇 도입 시 중소기업이 가장 민감하게 여기는 사항 중의 하나가 바로 '가격'이다. 따라서 로봇을 제조하는 기업 입장에선 '판매가격'은 영원히 풀어야 할 숙명이다.

정부의 적극적인 자금 지원과 염가형 로봇의 도입이 인력 부족이라는 위기에 빠진 중소기업을 일으켜 줄 핵심 솔루션이 되기를 학수고대한다.

해결방안_1
로봇의 제조코스트를 1/3로 절감하는 방안 : 정부 차원 육성

국내 로봇의 70% 정도가 일본의 로봇부품을 조립하는 수준에 불과하다. 근본적인 문제를 해결하지 않으면 생존 경쟁에서 이기기 힘들다. 로봇 자체 가격이 내려가지 않으면, 경쟁에서 살아날 수 없다. 중국에서는 이미 1천만 원 로봇이 나오고 있는 상황이다. 국내에선 소형 수직다관절, 4축~6축 스카라 로봇 본체만 3천만 원 수준이다. 로봇업체들은 근본적으로 비용을 절감할 수 있는 설계로 하면서 부품의 수입 문제 등을 해결해야 한다.

산업용 다관절로봇의 가격을 1천만 원대로 내리기 위해서는 감속기인 하모닉드라이브의 국산화 개발이 시급하다. 즉, 국내 로봇산업의 가격 경쟁력을 확보하기 위해서 현재 일본에 의존하고 있는 감속기, 모터 등 핵심부품의 국산화 노력도 시급하다. 특히 6축 다관절로봇, 협동로봇의 가격도 1천만 원 이하로 코스트 다운 해야 중소기업에 적용이 가능하다.

최근 핵심 부품과 기술의 '결여' 문제는 이미 국내 로봇산업의 발목을 잡고 있다. 로봇은 일종의 산업 사슬로서 로봇 본체, 컨트롤시스템, 구동시스템, 센서 등 모듈로 이뤄져 있다. 이중 세계적으로 유명한 기업들이 감속기, 서보시스템(Servosystem), 컨트롤러(Controller) 등 핵심 부품을 만들고 있다. 그러나 국내 기업에서 로봇 본체(외관)만 제작하므로 핵심 기술력은 아직 열세이다.

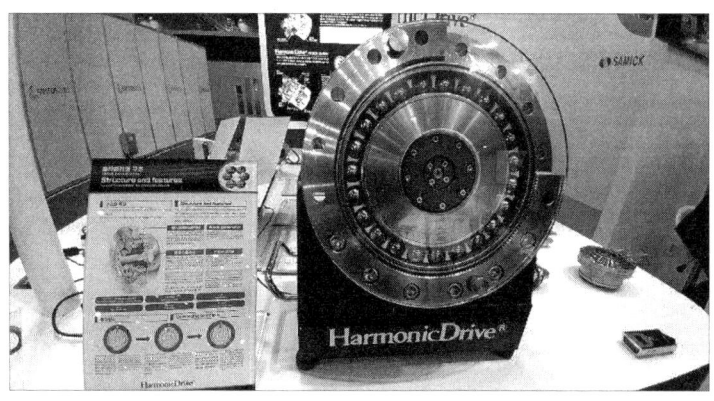

◘ 감속기인 하모닉드라이브(HarmonicDrive)의 구조 모습

컨트롤러는 로봇의 '브레인'으로 불리우며, 최근 우리나라에서 비교적 개발 진척이 이뤄지고 있는 분야이기도 하다. 국내 브랜드가 하드웨어 분야에서 진척을 이루고 있지만, 소프트웨어 알고리즘과 연구에서는 아직 안정적인 발전이 필요한 상황이다.

컨트롤러와 비교했을 때 서보시스템 방면에서는 우리나라가 아직 갈길이 멀다. 일본과 독일기업이 시장 대부분을 차지하고 있다. 우리나라의 경우는 핵심 부품을 대부분 해외에서 수입하고 있다.

원가 측면에서 로봇 기술의 핵심과 난제는 주로 하이엔드 부품인 감속기, 컨트롤러, 서보 등이며 이들 부품이 차지하는 비중이 70%에 이른다. 이중 감속기의 기술 장벽이 가장 높은 것으로 평가된다. 한 대의 감속기 수입 원가는 해외 가격의 3~4배에 이른다. 이는 국내 로봇 산업의 발목을 잡는 주요 문제로 작용하고 있다. '오프위크(OFweek)' 데이터에 따르면, 최근 글로벌 정밀 감속기 시장은 일본의 두 회사에 의해 점유된 상태이며 이중 나브테스코(Nabtesco)가 생산하는 RV 감속기는 시장의 60%를 차지하고 있다. 하모닉드라이브(HarmonicDrive)가 생산하는 고조파 감속기는 시장의 15%를 차지한다.

그리고 로봇 소프트프로그램을 제어하는 별도 티칭 펜던트(Teaching Pendant)을 없애고, 스마트폰 앱 등으로 개발 검토해야 한다.

◘ 수직다관절로봇에 장착된 감속기의 모습

지금까지 공작기계는 NC장치로, 로봇은 티칭 펜던트로 각각 조작 입력하는 것이 일반적이었다. 이번 파낙社의 시스템 개발은 세계적인 생산자동화의 흐름에 맞춰 공작기계와 로봇을 연계하는 라인이 증가하는 가운데, 두 개의 장치를 한 번에 조작하면 간편해지고 비용 절감도 가능하다.

◘ 로봇 소프트프로그램을 제어하는 Teaching Pendant 외관의 모습

지난 2018년 7월 31일 로봇을 만드는 P社 송 박사님曰

"로봇에 들어가는 감속기, 하모닉드라이브는 일본의 숙련공으로 손으로 제조하므로 삼성전자라도 개발할 수가 없다"고 단정해서 말했다.

이렇게 불가능하다고 말한 것은 하나의 의견일 뿐이고 모두가 불가능하다고 해도 반드시 해내야 한다.
실패를 두려워하여 도전하지 않으면 성공을 할 수 없다.
기술은 안되는 것은 없으며 다만 시간이 걸릴 뿐이다.

2025년 FA 로봇용 감속기 시장 1조 9천억 원으로 성장

일본 일간공업신문이 연구조사기관인 후지경제의 시장 전망 자료를 인용해 오는 2025년 공장자동화(FA) 로봇용 감속기 세계 시장이 2017년 대비 2.2배 증가한 1,900억 엔(1조 9,000억 원)으로 확대될 것이라고 보도했다.

FA 수요 증가에 힘입어 로봇의 도입도 활발해지면서 핵심 부품인 감속기도 중국 등 아시아 지역과 일본을 중심으로 확대될 것으로 예상했다. 올해 감속기 시장은 중국을 중심으로 수요가 증가하고 있으며, 전년대비 17.2% 증가한 1,020억 엔에 달할 것으로 예상했다.

후지경제는 중국이나 베트남 등의 전자기기 제조위탁 서비스(EMS) 거점을 중심으로 소형 로봇 수요가 급증하면서 감속기의 보급이 원활하게 이뤄지지 못하고 있다고 진단했다. EMS 관련 기업들이 단기간에 대량의 로봇 도입을 요구하는 경우가 많아 감속기 공급이 수요를 따라 가지 못해 로봇의 납품 지연 사례가 나오고 있다.

한편, 현재 감속기 시장은 일본 감속기 메이커를 중심으로 형성되고 있는데 일본, 중국, 인도에서 신규 업체가 속속 등장하고 있다. 과점 상태에서 경쟁 원리가 작동하면서 납기 지연 문제가 해소될 것으로 기대되고 있다. 또한 시장의 활성화로 가격 경쟁이 이뤄지면서 중국이나 베트남 시장을 대상으로 저렴한 가격대의 로봇이 공급되고 있는데 가격을 억제하면서 감속기의 채택이 진행될 가능성이 있는 것으로 분석되고 있다.

(출처 : 로봇신문사 2018년 5월 1일자)

저자소견_
일본의 하모닉드라이브(HarmonicDrive)社, 나브테스코(Nabtesco)社는 산업용 로봇의 감속기 시장을 독점 제작 공급을 하고 있다. 그래서 세계 로봇 국가별, 전체 판매대수를 바로 집계분석하고 고객별의 니즈 파악, 로봇 트렌드 등 사전 파악하면 향후 신모델 로봇을 개발하는 데 매우 유리하다.

해결방안_2
국내 직교좌표형 로봇과 컨트롤러를 우선 검토한다

우선 자유도가 적은 직교좌표형 로봇으로 자동화를 구축 검토하라. 불가능시 다관절로봇을 사용해 조금 더 유연한 작업을 하는 것이 공작기계 관련 자동화의 추세이다.

직교좌표형 로봇은 직각좌표계로 표현되는 운동을 구현하는 로봇으로서 축의 조합에 따라 1~4축 형태로 널리 사용되고 있다. 이는 기구의 설계가 간편하고 조립 생산이 용이하기 때문에 빠른 시간에 로봇을 설계하고, 제품을 생산할 수 있다.

통상적으로 컨트롤러는 부피가 큰 컨트롤러 박스 안에 로봇 컨트롤러와 드라이버가 설치되고, 여기에 모터가 연결되거나 혹은 조금 작은 사이즈의 컨트롤러 박스에 드라이버와 모터를 별도로 연결하는 형태였다.

최근에는 로봇 1축을 단독으로 제어하는 경우도 있으며, 대표적인 예로 전동 실린더를 꼽을 수 있다. 로봇 1축의 단독으로 제어하는 것은 프레스 계통에서부터 정량 토출 장치, 게임기의 시뮬레이터 등에 이르기까지 다양하게 사용된다. 한편으로는 대량생산의 경우 직교좌표로봇의 커다란 시장을 형성했던 데스크탑 타입의 로봇도 있다. 이 로봇은 디스펜싱 장비의 기본 형태라 할 수 있을 정도로 널리 활용되고 있다.

이렇게 구성된 로봇의 1축 구성 요소를 살펴보면, 볼 스크루 또는 벨트와 LM가이드, 프레임 등 구조가 간단해 기술진입장벽이 낮은 것이 특징이며, 현재 국내에는 20여 개사가 관련 제품을 생산하고 있다. 하지만 통상적으로 직교좌표형 로봇의 경우 PLC 또는 모션 컨트롤러로 서보(Servo)를 제어하기 때문에 전용 컨트롤러는 극히 일부 제조사들만이 생산하고 있다. 이러한 상황에서 만약 직교좌표형 로봇 컨트롤러의 가격이 현재의 절반 가량에 공급된다면, 국산 로봇으로 저렴하게 중소제조업의 로봇 도입이 용이하다.

해결방안_3
운전요원, 보전요원, 소프트프로그램 관련 지원요원을 육성한다

대기업보다 중소기업에서 작업자 육성이 해결하기 힘든 것이 문제로 계속 남는 것이 중요하다. 중소기업의 작업자 육성에 소홀하면 불량품, 결품, 납기 지연, 신뢰성 없는 부품 공급 등이 발생하고, 그러면 모기업의 스마트팩토리에 아무리 우수한 인공지능 설비를 도입해도 낭비 투성이의 공장이 되고 만다. 그래서 운전요원, 보전 요원, 소프트웨어 지원 요원 교육이 필요하다.

로봇의 이해, 프로그램에 관한 지식, PLC, 마이크로프로세스 기초 이론, 유공압 이론 교육 등의 단기간 내 교육 훈련이 불가능하므로 장기 계획 수립이 필요하다.

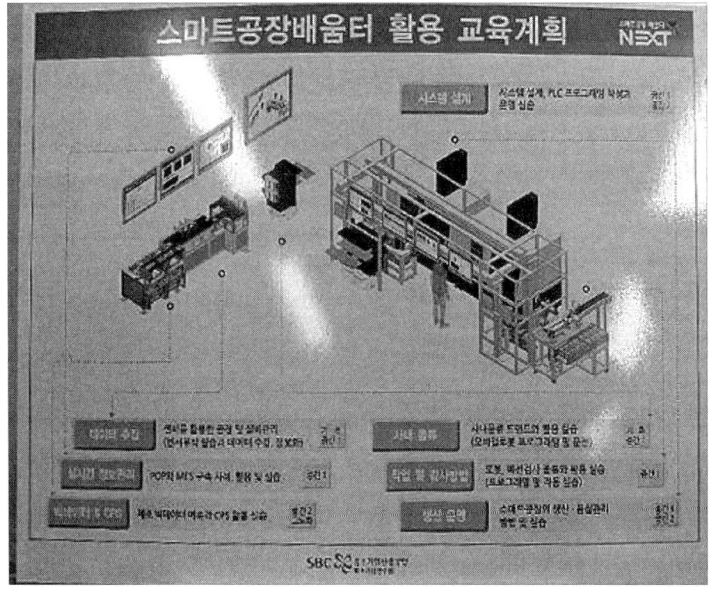

■ 스마트공장의 구축을 위한 배움터 활용 교육계획의 도표

중소벤처기업연수원(http://sbti.sbc.or.kr)의 무료 기술교육을 받기를 바란다. 그리고 무궁무진한 로봇의 기능을 잘 숙지하고 필요시 로봇 메이커에도 끊임없이 문의도 하고 자주 교류하라.

넥스트스퀘어(NEXT Square)는 4차산업혁명 대비 스마트팩토리의 도입을 계획하고 있는 중소제조기업을 위한 실습교육공장이다. 경기도 안산시 중소기업연수원 실습동에 연면적 $336 m^2$ 규모로 조성됐다. 새로움을 뜻하는 'New'와, 학습을 의미하는 'EXperience', 4차산업혁명의 기술을 뜻하는 'Technology'의 앞 글자와 배움과 소통의 장소를 의미하는 'Square'를 조합해 이름을 지었다.

◘ 스마트제조 관련 전문인력을 양성하는 과정 안내

현재 넥스트스퀘어에는 탁상용 시계 등 제품생산이 가능한 로봇포함 미니 공장 라인이 설치되어 있다. 미니 공장라인은 실시간 생산정보, 생산 빅데이터 관리, 디지털 트윈(Digital Twin), 첨단센서 등으로 구성되어 있다.

해결방안_4
유연하고 지혜로운 로봇자동화시스템이 되어야 한다

변화에 격심한 글로벌 경쟁에서 이길 수 있는 기업 체질로 혁신하기 위해 전 모델 등 다양화에 대응하고 고품질의 제품을 만들고 낭비를 철저하게 배제시켜 제조비용을 감소시키는 로봇자동화시스템이 되어야 한다.

- 로봇핸드(그리퍼)의 컨셉 설계를 하여 멀티작업용 그리퍼 또는 그리퍼 툴 체인지가 가능하게 설계하여 전 모델이 생산되도록 해야 한다.
- 바퀴가 달린 로봇자동화 설비로 만들라 : 바퀴가 붙어 있어서 이동이 쉽고 라인 변경에 즉시 대응할 수 있다.
- 설치 바닥과 벽에 고정을 시키지 말라 : 케이블(Cable) 등을 기둥, 벽에 고정하지 마라.
- 로봇자동화시스템의 범용화 : 필요한 때에 즉시 이동이 가능하고 불필요할 때에 즉시 떼어낼 수 있는 대차설비로 만들라.
- 로봇 검토시 다공정 담당이 되게 하라 : 낭비를 없앤 작업의

움직임으로 공수절감 대책으로 활용하라.
- 로봇의 이동 동작을 최소화하라 : 로봇 동작시 상하 이동하는 스트로크(Stroke)를 최소한으로 하라.
- 로봇무인화의 도입을 실시하라 : 휴식시간대 무인화하라, 20분간의 재공재고(부품 및 제품) 확보, 적치장 반입출자동화의 검토하라, 식사시간대 무인화하라, 1시간 이상의 재공 재고(부품 및 제품)의 확보, 로봇자동화의 순간정지 제로화, 풀 프루프 설치가 되어야 한다.
- 로봇자동화시스템의 혼류 생산화, 무인화 지향이 최종적인 바람직한 모습이지만 엔지니어로써 표준화해야 할 유닛(무인화 대응)와 혼류 생산화 유닛으로 구분할 필요가 있다.
- 제조 부문과 생산기술 부문의 기본 베이스는 철저하게 지혜로운 로봇자동화를 지향해야 한다.

■ 로봇자동화시스템의 컨셉

산업용 로봇은 그 자체로는 의미 있는 일을 할 수 없다. 기본적으로 툴을 장착해야 하며, 필요에 따라서는 컨베이어 등 주변장치와 통합되어야 한다. 산업현장에서 로봇은 항상 시스템으로 사용되며, 로봇은 시스템의 핵심 컴포넌트(Key Component)이다.

자동화시스템을 구성할 때, 로봇 없이 해당 작업에 필요한 설비를 직접 설계할 수도 있다. 하지만, 설계 비용이 로봇 가격보다 큰 경우가 많으며, 작업이 변경될 경우 설비는 무용지물이 된다는 단점이 있다. 따라서 다양한 응용에 활용할 수 있는 로봇핸드를 포함한 로봇시스템을 적용하는 것이 더 효율적일 수 있다.

기능별 모듈화 및 유닛화

로봇자동화의 기본 부문과 전용 부문을 명확하게 구분해야 한다. 그리고 베이스는 범용 유닛으로 하며, 부품용의 전용 치공구, 전용 배전모듈, 조작반 유닛 등으로 세트되어, 1대의 로봇자동화시스템이 된다. 로봇자동화의 지원과 설계 변경에 의한 공정 변경에도 최소 단위로 각 모듈과 유닛으로 되어 있으면 일부의 변경으로 즉각 대응이 가능하다.

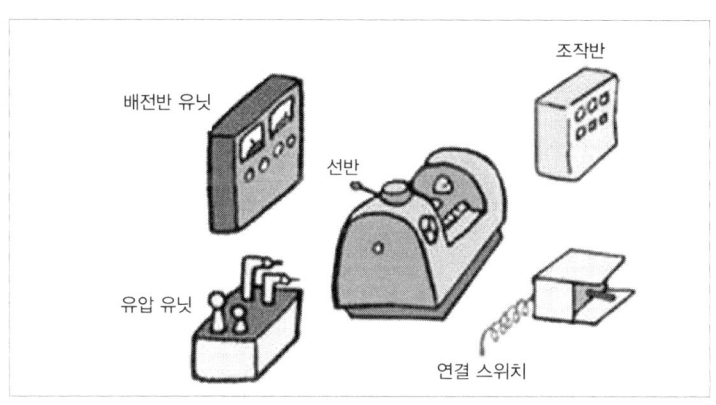

◘ 기능별 모듈화 유닛화 구분

불량부품이 흘러가도 로봇자동화시스템을 멈추지 말라

일단은 불량부품이 흐르면, '즉각 멈추도록 하는 것'이 전제조건이다. 간혹 협력공장이나 앞 공정으로부터 때때로 불량부품이 유입되는 경우가 있다. 그래도 로봇자동화시스템을 결코 멈춰서는 안 된다. 공급선상에서 사전에 감지하여 배출시킨 다음 양품을 공급할 수 있게 해야 한다. 이런 시스템을 만드는 것이다.

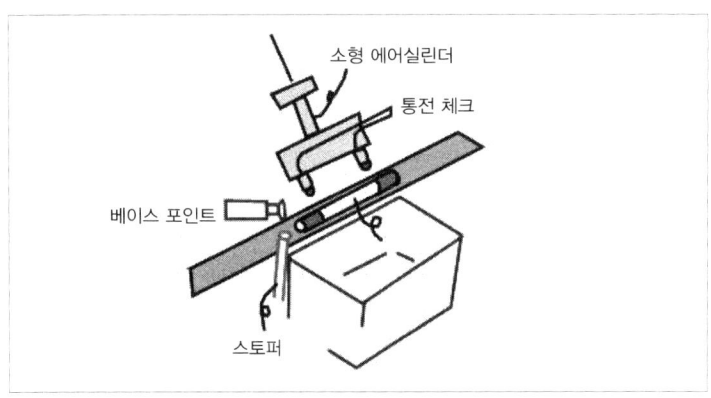

◘ 불량부품이 흘러가도 로봇자동화시스템을 멈추지 말라

로봇자동화시스템 라인에 대해 예지관리하라

한 작업자는 수많은 로봇자동화시스템 라인을 분담하고 있으므로, 로봇자동화 라인으로 호출을 당해도 즉각 대응할 수 없다. 이 때문에 10분 후 20분 후 불량이 되거나, 또는 부품이 품절된다는

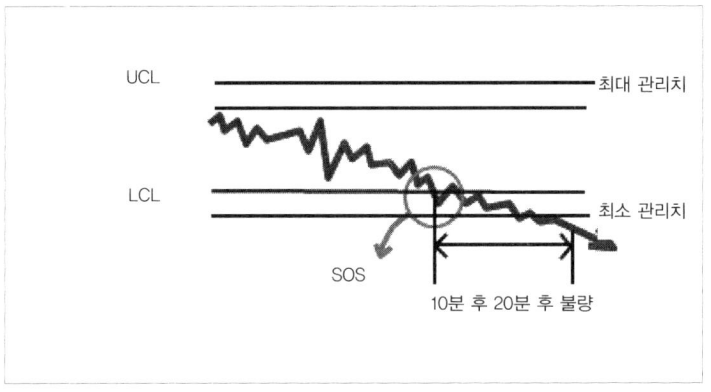

◘ 예지 관리하라

등의 예지관리시스템(SOS 예비 시스템)을 구축해야 한다.

호출은 포켓 벨(Pocket Bell) 또는 안돈(安頓)으로 한다. 이 시스템으로 작업자는 복수의 로봇자동화 라인을 담당할 수 있다.

제조 혁신 관련 25가지의 마음가짐

제조 현장 내에서 낭비 제거 없이 로봇자동화를 그대로 도입하면 공정이 복잡해지고 이로 인해 투자비용도 올라가고 결국 로봇자동화의 가동률은 낮아진다.

제조 혁신을 개선하기 위한 25가지 마음가짐은 다음과 같다.

❶ 변명은 하지 않는다.
❷ 불가능하다는 설명보다, 할 수 있는 방법을 생각하기에 노력을 기울인다.
❸ 걱정부터 하지 않는다.
❹ 즉시 실천한다.
❺ 곤란한 문제가 아니라면, 지혜는 나오지 않는다.
❻ 퍼펙트만을 쫓지 않는다. 60점 이상이면 된다. 어쨌든 진행하라.
❼ 우선 한눈을 팔지 말고 동기생산방식(적기생산방식, 혼류생산방식)을 실천하라.
❽ 오늘을 최저라고 생각하라.
❾ 문제 있는 현장에 서라.

❿ 실천하라.

⓫ 종이 자료는 만들지 않는다.

⓬ 실수는 그 자리에서 바로 해결한다.

⓭ 능력이 없는 것은 '뇌력'이 없는 것이다. 고뇌하는 힘이 부족하다.

⓮ 돈을 사용하지 말고 지혜를 사용해라. 지혜가 없다면 땀을 흘려라.

⓯ 조정은 '악'이라고 생각해라. 조정은 기술 부족을 작업자에게 떠넘기고 있을 뿐이다.

⓰ 신화(神話)를 부숴라.

⓱ 작은 개선, 티끌 모아 태산이다.

⓲ 생각하는 시간보다 실행하는 시간을 부여하라.

⓳ 진정한 문제의 원인을 추구하고, WHY를 5번 반복해라.

⓴ 개선은 무한하다.

㉑ 시간은 동작의 그림자이다.

㉒ 로드 사이즈는 되도록 키워라.

㉓ 납기가 없는 지시는 무시해도 좋다.

㉔ 다음 공정을 용이하도록 현 작업을 부여한다.

㉕ 부가가치 없는 움직임에서, 부가가치를 만들어 내는 움직임으로 전환하라.

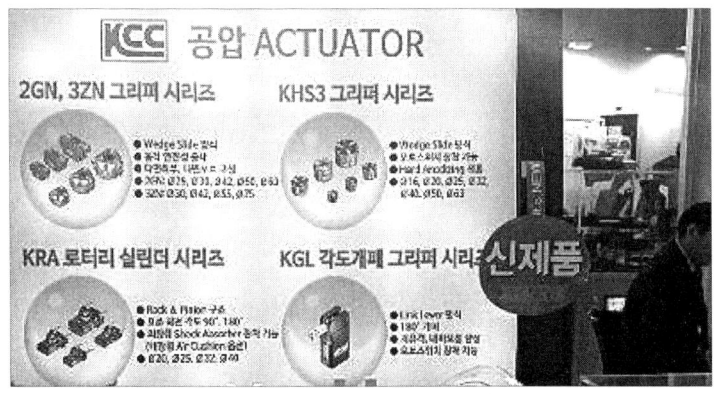

◘ 로봇 핸드인 그리퍼 제품의 모습

해결방안_5
최적의 로봇 핸드(그리퍼)가 컨셉설계 방안이다

로봇에서 가장 중요한 부분은 '로봇 핸드(그리퍼)'라고 생각한다. 그래서 값싸고 효율적인 그리퍼를 만드는 데 초점을 두어야 한다.

부품도면을 보고 검토를 하되, 부품의 어디를 기준 설정으로 할 것인지? 위치 결정은 어디를 할 것인가? 부품의 어디를 파지(클램프)할 것인가? 컨셉 설계를 해야 한다.

대표적인 사례는 생산할 부품을 파지해서 조립하는 로봇 핸드로써 조립시의 부품 유무, 조립 위치가 똑바르게 작동되는지의 센서로 검출되도록 해야 한다. 또한 싱글 타입이나 멀티 타입이나 터렛(Turret) 타입도 함께 검토되어야 한다.

로봇의 진출 분야가 다양해지고 있다는 점을 주목해 그리퍼 기술이 발전해 나가야 하는 시점이다. 구동 방식 역시 지금의 공압식, 유압식을 넘어 정교함을 높여줄 전기식 구동이 점차 적용되고 있다.

향후에는 가변적인 사항에도 대응할 수 있고 촉감까지 느낄 수 있는 로봇 핸드(그리퍼) 개발도 도전해야 한다.

소프트 그리퍼는 불규칙한 모양의 제품을 쉽게 분류할 수 있으며 동일한 생산 라인에 있는 다양한 제품을 포장할 수 있고 포도송이, 사과, 계란 등 식품도 쥐는 것이 가능하며 에어로도 동작한다.

◘ 델타로봇 핸드인 그리퍼가 계란을 집는 모습

그리퍼 컨셉은 로봇자동화의 핵심이므로 잘 설계해야 한다. 로봇자동화는 로봇 핸드(그리퍼) 설계를 잘 할 수 있는 업체(저자에게 문의 환영)에 맡기는 것이 좋다. 즉 해당 업체는 기준 설정, 위치 결정, 클램프 등 치공구의 3대 요소로 설계 능력을 보유해야 한다.

해당 그리퍼는 크게 손가락이 두 개인 모델과 세 개인 모델로 나눌 수 있다. 손가락이 두 개인 모델은 작업 영역이 85mm인 제품과 140mm인 제품으로 구성된다. 직육면체나 원통형 물체를 집는 등의 일반적인 산업 환경에서는 손가락이 두 개인 모델을 활용한다. 손가락 세 개인 모델은 물체의 형상이나 강도에 따라 쥐는 힘을 조절할 수 있어 형상이 복잡하거나 스펀지처럼 부드러운 물체를 옮기는 데 활용할 수 있다.

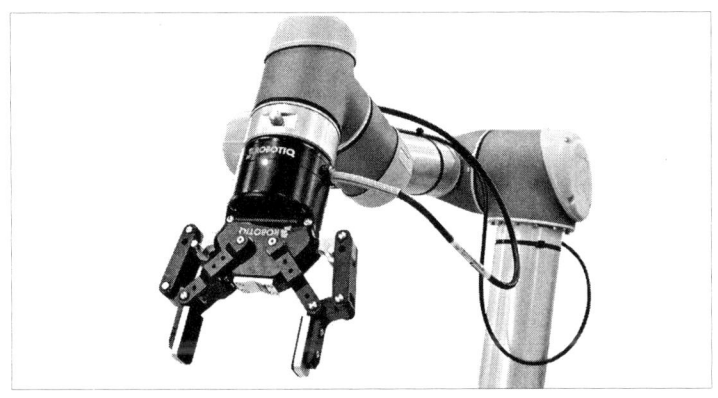

◘ 그리퍼를 로봇에 장착한 모습

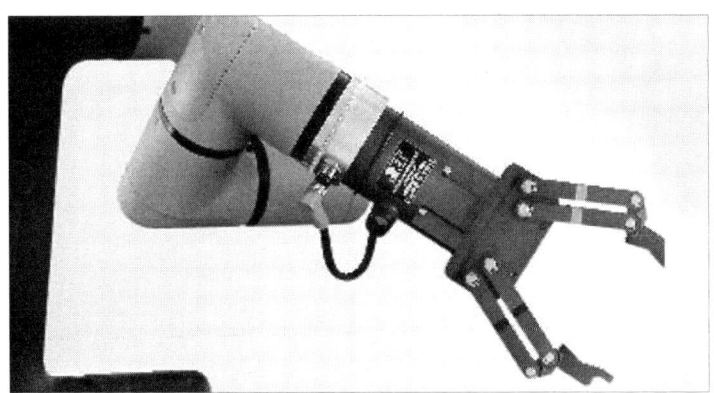

◘ 주강로보테크社의 '공압 평행 그리퍼'의 모습

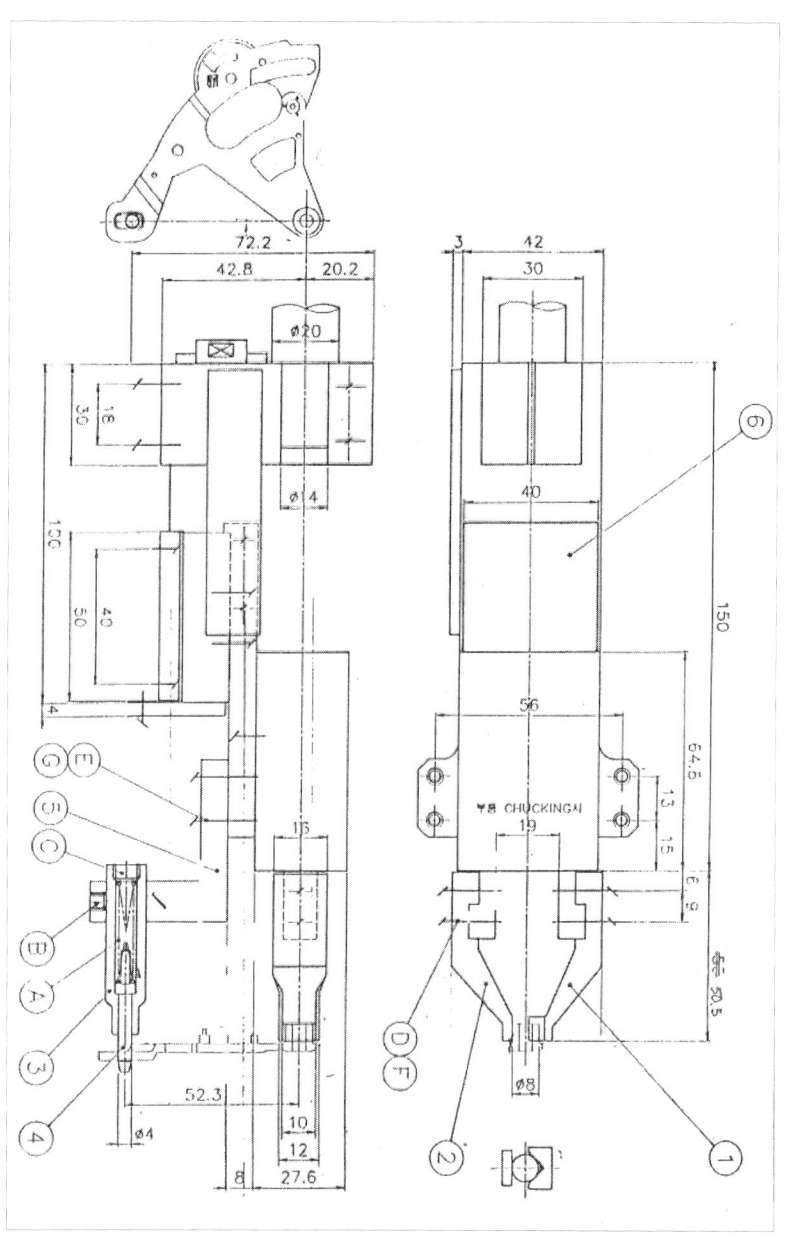

■ 테크 제품의 픽업용 로봇의 그리퍼 설계의 조립도면

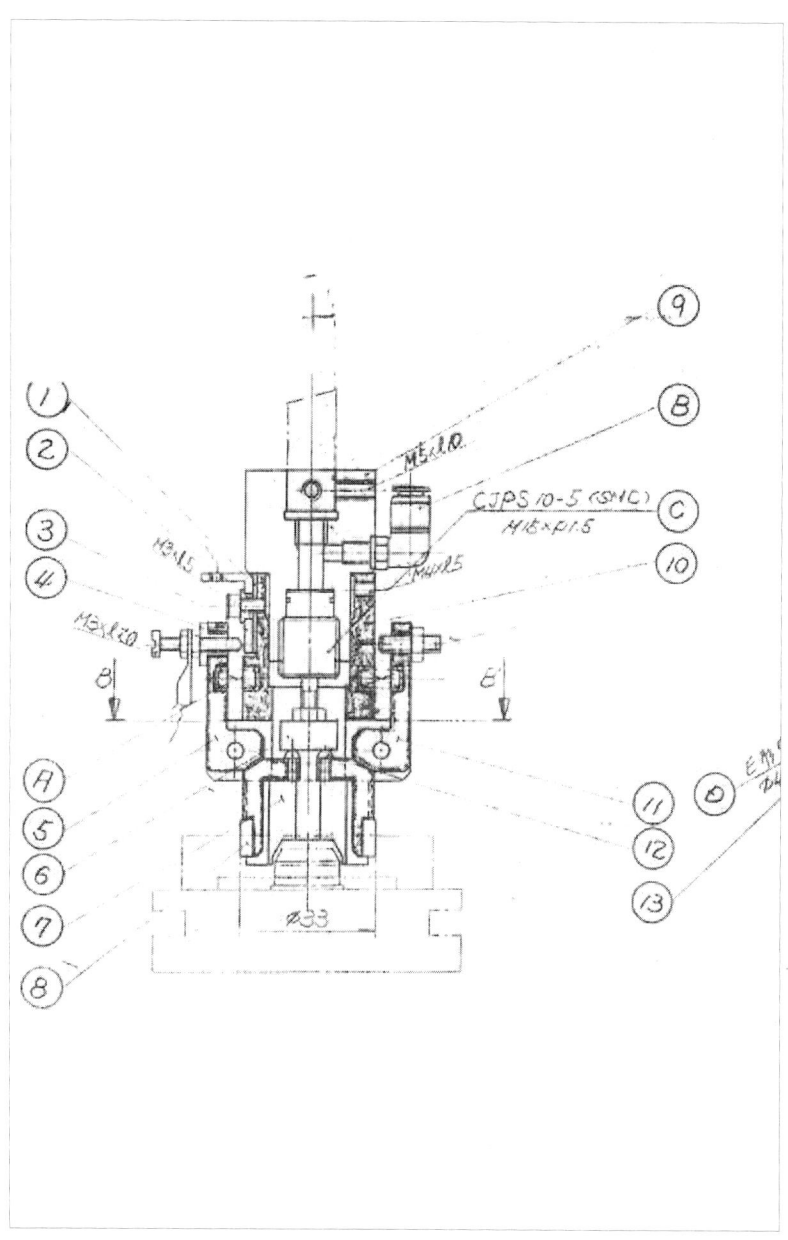

❏ 드럼 제품의 픽업용 로봇 그리퍼 설계의 조립도면

■ 무인반송차 이동 도중 카메라가 제품을 감지하는 모습

로봇 그리퍼 및 핸들링 기술

일본 히타치제작소는 얼마 전 이동 중인 자율주행 무인반송차(AGV)가 멈추지 않은 상태에서 로봇 팔을 이용해 적재함에 있는 특정 물체를 피킹할 수 있는 로봇 그리퍼 기술을 개발했다고 발표했다. AGV가 정지한 상태에서 특정 물체를 집는 것도 쉽지 않은데, 이동 중에 이 같은 작업을 수행한다는 것은 간단치 않은 일이다. AGV가 카메라 위치를 통과할 때 적재함에 놓여 있는 물체의 상태를 촬영하고, 피킹 방법을 학습한 인공지능이 피킹할 물체와 최적의 피킹 방법을 결정해 로봇과 AGV에 전달해야만 한다.

(출처 : 로봇신문 2018년 6월 7일자)

저자소견_

자율주행 무인반송차(AGV)가 멈추지 않은 상태에서 로봇 핸드로 적재함에 있는 특정 제품을 피킹할 수 있는 로봇 그리퍼의 기술 개발은 제품을 별도 위치결정장치 및 분리장치가 필요가 없으므로 피킹시스템의 검토가 필요하다.

해결방안_6
로봇의 축수 및 대수를 최소화시켜야 한다

로봇의 축수 즉, 감속기와 모터의 수를 줄이고 로봇 대수도 최대한 줄여 도입비용(제조 코스트)을 절감시켜야 한다.

로봇자동화로 중소기업의 경쟁력을 키우려면, 국내 로봇자동화의 기술은 첨단 기술에 포인트를 맞추고 있다. 중소기업 현장에서 필요한 용도에 맞게 개발 및 발굴에 지원해야 중소기업이 수혜를 볼 수 있다. 기술 수준, 예를 들어 정밀도가 다소 떨어지더라도 범용적으로 사용될 수 있는 염가형 로봇을 개발하는 방향으로 가야 한다.

같은 맥락에서 중소기업이 사용하기 쉬운 로봇을 만들어야 한다. 현대로보틱스社의 예를 들어보면, 쉬운 사용자 인터페이스를 제공하고 로봇교육센터를 통해 상시 교육을 진행한다. 또한, 사용자가 'HR로봇'이라는 프로그램을 내려 받아 로봇을 쉽게 선택하게 하는 등 손쉽게 로봇을 사용할 수 있는 환경을 만드는 노력을 하고 있다.

로봇자동화에 대한 인식을 개선하는 것이 중요하다. 우선 투자회수 가능성에 대한 인식을 심어줄 필요가 있다. 또한, 작업자들의 자동화에 대한 부정적인 인식과 로봇자동화가 너무 '첨단 시설'이라는 의식의 개선도 뒤따라야 할 것이다. 인력 수급도 중요한데 지역의 기업과 학교가 프로그램을 만들어 함께 인력을 공급하는 방안도 있을 수 있다.

　인력 개발에 있어서 지역이 처한 다양한 상황에 맞는 인력 개발 정책이 시급하다. 인력이 부족한 중소기업의 현실을 고려해 사이버 교육도 검토해 볼 필요가 있다. 수요 기업과 SI만의 역량으로는 어렵다. 학계와 기관이 참여하는 융합을 통해 새로운 솔루션을 발굴할 수 있는 시스템도 필요하다.

　로봇자동화 SI(시스템 인티그레이션) 업체의 기술력이 올라가야 한다. 그래야만 부가가치 높은 시스템을 구축할 수 있다. 유럽이나 일본의 SI와 국내 SI의 수준 차이가 너무 크다.

　저자는 지난 8년간 뿌리 기업에 로봇을 보급하는 사업을 하면서 중소기업이 갖는 여러 가지 어려움을 파악할 수 있었다. 우선 R&D 결과물이 제품으로 이어지는 연계 시스템을 갖춰야 한다. 중소기업의 염가형 로봇 개발도 시급한데 우리나라는 부품 기술이 취약하고 쓸 만한 국산제품이 많지 않아 어렵다. 또한 조립로봇자동화 분야가 상대적으로 미진하다. 조립용으로 사용될 로봇이 많이 나와 주어야 한다. 그리고 중소기업의 입장에서 안전에 대한 인식과 접근이 아주 중요한 부분이다.

　문제는 중소기업이 특히 안전 준수에 둔감하다는 것인데, 게이트 출입 모니터링시스템이나 3차원 카메라를 사용한 에어리어 모니터링과 같은 아주 기본적인 안전시스템은 로봇자동화 구축시 반드시 적용되어 사고를 없애는 접근이 필요하다. 로봇자동화를 적용할 경우 반드시 따라가야 하는 것이 안전에 대한 투자다.

국내의 제조기업에게 '사람을 로봇으로 대체한다'라는 식의 접근은 더 이상 통하지 않는다. 로봇만 투입하기 보다는 그 회사의 제조 역량 자체가 고부가가치가 되도록 하는 작업이 병행되어야 한다. 이를 위해 로봇과 함께 그에 맞는 제조 솔루션이 함께 제공되는 노력이 필요하다.

해결방안_7
제품의 핸들링(공급방법) 부분에 대한 기본컨셉 구상에 많은 시간을 투자해야 한다

제품 핸들링은 로봇이 치구 팔레트(Pallet)에서 소재가 들어오면 가공기계에 넣어주고 가공이 완료되면 빼낸 다음 공정으로 넘기는 시스템이다. 이 시스템의 핵심은 프로젝션 형태의 3D 비전 센서다. 최악의 경우에만 검토하는데, 제품 피킹을 위해 로봇은 제품의 위치를 파악해야 하는데 Vision시스템이 팔레트 전체를 한꺼번에 스캔한다.

로봇자동화에서 흔히 놓치는 제품의 공급 부분에 대한 기본 컨셉 구상에 많은 시간을 투자해야 한다.

■ 부품 핸들링의 기본

개개의 부품과 조립되는 부품(주조립, 부조립), 이송과 선별, 공급, 장입(속에 넣음), 취출, 저장, 검출, 제어 등 위치랑 자세의 변환을 동반(제품 취급)하는 것이다.

■ **부품 핸들링의 9가지 원칙**

- 제1원칙 : 부품을 중력만으로 보낼 수 있도록 검토한다.
- 제2원칙 : 부품을 클램프하지 않아도 되도록 검토한다.
- 제3원칙 : 부품끼리 서로 눌러지지 않도록 검토한다.
- 제4원칙 : 한번 파지한 부품은 움직이지 않도록 검토한다.
- 제5원칙 : 부품의 사용하는 부분을 정확하게 가이드되도록 검토한다.
- 제6원칙 : 여러 가지 부품이 파지되도록 검토한다.
- 제7원칙 : 불량 부품과 이물질이 혼입되지 않게 하고, 먼지나 기름 등 부착되지 않도록 검토한다.
- 제8원칙 : 버(Burr), 실처럼 나옴, 결함 등이 없도록 검토한다.
- 제9원칙 : 실제로 부품을 핸들링 테스트로 검토해본다.

■ **제품을 쉽게 만든다는 것을 검토한다**

대체로 제품 개발자는 서너 시간, 너덧 차례 엔지니어링 샘플을 만들어 보고는 쉽게 만들 수 있다고 장담하곤 한다.

"이것은 요렇게 요렇게하면 쉽게 되지 않습니까?"

"이렇게 하기만 하면 쉬운데, 왜? 작업자는 어렵다고 하는지 이해가 안 갑니다."

물론 된다. 그러나 과연 생각같이 쉽게 되는 것일까? 현장에서는 그 제품을 하루 8시간, 매월 계속해서 겹치는 피로 속에서 오로

지 그 일만 한다. 그래서 제품 개발자가 직접 현장 라인에 가서 그 제품을 규정된 표준시간대로 딱 8시간만 쉬지 않고 만들어 보라!

무언가 생각이 바뀔 것이다.
확신한다.

제품을 정말로 쉽게 만들려면 초보자, 미숙련자도 머리를 쓰지 않고도 만들 수 있는, 한손과 시력이 나쁜 한쪽 눈만 있으면 만들 수 있는, 그것도 하루 8시간 꼿꼿이 서서 만들 수 있는, 집어다 놓기만 하면 만들어지는, 보다 좋고 보다 싸고 보다 빠르고, 보다 안전하게 만들 수 있는, 작품이 아닌 상품을 개발 설계해야만 한다. 그래서 제품 개발자에게 부품의 수를 간소화, 부품의 종류를 공용화, 부품 유닛을 표준화되도록 검토 요청한다. 이는 로봇자동화를 추진하기 전에 기본적으로 실행하여야 하며, 이로써 제품의 품질, 원가, 납기 목표는 저절로 달성될 수 있다.

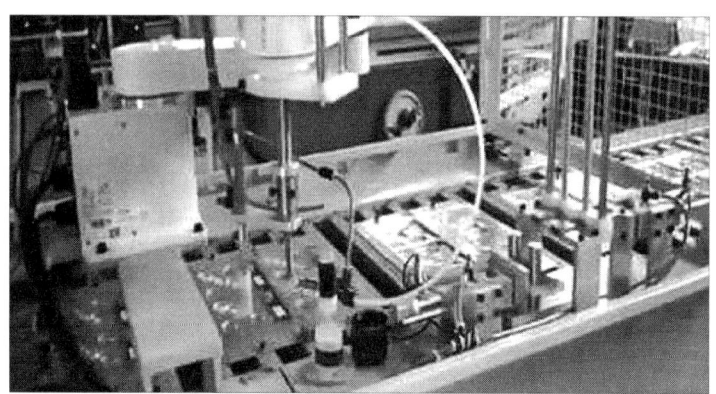

◘ 스카라로봇이 소형부품을 핸들링하는 모습

해결방안_8
로봇자동화 도입에 있어서 기본사상은 'Simple is Best'이다

제품의 구조, 부품의 구조가 단순하면 단순할수록 로봇자동화시스템도 단순해지고 로봇자동화의 투자비용도 절감된다. 또한 로봇자동화시스템의 트러블도 줄어들어 운용이 쉬워지며 이로써 총체적 기회 손실을 최소화할 수 있게 된다.

제품의 단순함을 위한 네 가지 전략(제거/조직화/숨기기/이전)은 기능을 제거함으로써 성공한 제품들?

> Tumblr, iPhone, Basecamp

어려운 기능 일단 보류?
제품의 가치를 높이면서 가장 흥미로운 기능에 집중하라.
➡ 아이폰의 개발 철학

◘ 수작업 공정이 복잡하면 로봇시스템의 도입비용이 증가된다

한 성공 사례로 1967년 보잉비행기 세대로 시작한 사우스웨스트항공은 그야말로 영세한 항공사였다. 창업자 허브 켈러허는 사우스웨스트항공이 시장에서 살아남을 유일한 방법은 '경쟁사보다 싼 가격'이라고 판단하고 이를 기업의 핵심가치로 삼았다. 방법은 심플했다. 스스로를 초저가 항공사로 규정하고 승객을 목적지까지 안전하게 모시는 과정 이외의 불필요한 서비스를 줄이고, 효율성은 극대화해서 가격을 경쟁사보다 파격적으로 낮춘 것이다.

우선 비행기 기종은 보잉737로 통일했다. 조정사 교육, 부품재고 등 유지관리비의 최소화를 통해 비용을 절감하기 위해서였다. 가급적 복잡한 허브공항을 경유하지 않고 지방공항을 적극적으로 활용하는 직항노선을 개발했다.

목적지는 최대 두 시간의 운항거리를 넘지 않도록 정했고, 목적지 도착 후 10분 내에 재운항할 수 있도록 시스템화했다. 좌석등급과 좌석선택권도 없애고 선착순 탑승제를 도입했다. 출발시간을 지연시키는 항공 우편화물도 취급하지 않았다. 심지어는 기내 서비스도 없앴다. 모든 결정의 판단기준은 '초저가 항공사를 지향하는 우리에게 과연 어울리는 유리한 제도인가'였다. 이렇게 효율성이 극대화되자 비행기요금은 경쟁사의 절반 정도가 가능해졌다. 고객들 사이에서 입소문을 타기 시작해 결국 전체 항공시장의 3분의1이 장악하며 사우스웨스트는 세계 최초로 초저가 항공시대를 열었다.

해결방안_9
로봇자동화 도입 시 투자효과도 사전 검토가 필요하다

로봇자동화시스템 도입 시 투자비용 대비 투자효과에 대해서도 상세하게 다음과 같이 사전에 검토할 필요가 있다.

- **생인화 효과**

가장 잘 사용되는 평가항목으로서 1인당 생산량이나 생인 가능한 인원수의 척도로서 이 효과가 검토된다.

- **치공구 비용의 절감**

치공구의 감소에 의해 제품의 모델 체인지를 위한 생산준비 비용의 절감이 되는지를 검토한다.

- **공급의 원활화와 납기 단축**

생산속도의 향상으로 단납기에 제품을 공급가능하게 되며, 나아가 시장에서 선수를 친다든가 매출의 기회손실을 줄일 수 있는지를 검토한다.

- **자원 절약의 효과**

작업이 정확하게 되므로 원재료의 낭비가 없어진다. 부품 가공에 있어서는 상당한 자원절감 효과를 얻을 수 있는지를 검토한다.

- **신뢰성과 품질의 향상**

사람의 손으로 하는 경우보다 균일성이 있는 제품을 제조하고 수율을 향상시킬 수 있다. 반도체산업인 경우 특히 인간의 간섭을 최소한으로 배제하는 것은 이러한 종류의 산업에 있어서 중요한 작업공정에 대한 요청을 만족시키게 되어 불량품의 발생을 방지할 수 있는지를 검토한다.

■ **재고 절감**

공정의 총합에 의한 리드타임의 감소로 재공기간의 단축과 중간재고의 감소가 가능하게 되는지를 검토한다.

■ **설치면적의 절감**

로봇자동화에 의하여 바닥면적의 단위당 생산량이 확대된다. 반대로 말하면 일정한 생산량을 올리는데 필요한 바닥면적은 상대적으로 작아도 된다. 특히 24시간 로봇의 가동시간을 늘릴 수 있는지를 검토한다.

■ **고부가가치의 실현**

통상적인 작업에서는 실현하기 곤란하다고 생각했던 작업이 로봇자동화에 의하여 가능하게 된다. 그것에 의하여 기존 제품의 고부가가치가 실현되는지를 검토한다.

■ **작업의 한계 정밀도의 향상**

어떠한 숙련자라도 사람의 손으로 하는 작업으로는 할 수 없었던 고도의 정밀 미세한 작업이 로봇자동화에 의하여 실현가능하게 되며, 그 결과로서 제품의 고도화와 성능의 개선이 이루어지게 되는지를 검토한다.

■ **인간성의 회복**

인간에 대한 과대한 부하를 없애고 악조건의 환경이나 위험작업으로부터 인간을 해방하는데 도움이 되는지를 검토한다.

스마트팩토리의 로봇자동화가
역량 강화를 위한 정부종합개선제안이다

중소제조업의 역량 강화는 스마트팩토리에 달렸다. 정부 차원에서 스마트팩토리의 핵심인 로봇자동화를 확대하고 구축하기 위해선, 어떠한 지원해야 하는지를 저자가 바라본 입장에서 총괄적으로 다음과 같이 제안하고자 한다.

정부종합개선제안_1
로봇자동화와 스마트공장의 구축을 돕기 위해서는 지원센터가 필요하다

인력난, 저이윤 등 어려움을 겪고 있는 중소기업을 돕기 위한 정부의 지원책이 여전히 필요하다. 중소제조업의 활성화를 위해서 관련 기업에게 기술과 로봇을 체계적이며 지속적으로 지원·보급할 수 있는 센터가 설립되어야 한다. 예컨대 "로봇엔지니어링센터(가칭)"를 통해 생산 공정을 로봇화하고 로봇을 통한 자동화 기술을 체계적으로 지원해야 한다.

로봇으로 생산 공정을 자동화하고 ICT 기술을 접목해서 생산

공정을 혁신하는 것이 중소제조업체들에게 실질적으로 필요한 부분이다.

정부종합개선제안_2
스마트팩토리를 보급하고 확산하는 패러다임으로 바꿔야 한다

정부는 일시적인 일자리 안정자금으로 보완하고 있지만, 이는 미봉책에 불과하며 비효율적인 정부지원 정책의 연장일 뿐이다. 소득주도성장론에서 우려되는 또 다른 부분은 임금 인상이 실업 없이 생산성 향상으로 이어진다는 무리한 가정에 근거한다는 점이다. 이는 시장의 원리나 기업 현실에 배치되므로 이에 근거한 추론은 실현되지 않을 것이다. 그 피해는 고스란히 중소기업들이 입게 되고 오히려 기업 간의 격차를 심화시키게 될 것이다.

중소기업의 경쟁력을 확보하기 위해서는 스마트팩토리를 지원하는 정책의 패러다임을 바꿔야 한다.

최근 발표한 스마트제조혁신추진단 자료에 따르면, 스마트공장 도입 후 경영개선 성과를 분석한 결과에서 도입기업의 매출액은 평균 7.7%가 늘어났으며 산업재해 감소는 무려 -18.3%에 달했다. 고용도 3%나 증가했다. 공정개선 성과를 분석한 결과에서 도입기업은 생산성 증가 30%, 품질 향상 43.5%, 납기기준 15.5%나 향상된 것으로 나타났다.

저자가 보기에는 'ERP와 MES만으로는 생산성 30% 증가가 될 수가 없으며 과장된 효과'라고 생각한다.

30,000개 스마트팩토리를 새로 보급한다는 것인데 대부분이 ICT융합 스마트팩토리(수기 작업을 디지털화) 추진해서는 투자금액대비 효과가 미약하다.

생존 경쟁에서 살아남으려면 비용을 절감하는 것이 불가피하다. 생산성을 향상하려면 아웃풋/인풋으로 나눠야 한다. 아웃풋은 현실적으로 올리기 어렵다. 그렇다면 인풋을 줄여야 한다. 즉, 사람과 시간을 줄여야 한다. 이때 생산성은 '성과물'과 그 성과물을 획득하기 위해 '투입된 양'을 말하며, '성과÷투입자원'이라는 나눗셈으로 계산된다. 생산성을 높이기 위해서는 '성과 제고'와 '투입 자원량의 삭감'이라는 두 가지 방법이 있다. 즉 안이하게 투입 자원량을 늘리려 하지 말고, 비용 삭감뿐 아니라 부가가치를 높이는 방법도 함께 고려해야 한다.

제품=경쟁력=가성비

제품은 경쟁력이 있고 가성비가 좋은 상품을 만들어 내야 성장한다.

스마트팩토리를 무조건 추진하면 망한다. 품질은 2차산업 혁명시 끝이 났으며 결국 '자동화=Robot'이다. 자동화는 인풋, 아웃풋, 검사공정까지 전부 자동화를 해야 한다. 그래서 기존 공장을 스마트팩토리로 만들기 위해서는, 소프트웨어 및 하드웨어와 각종 운영 기재의 적용은 의욕만 가지고 도입이 되는 것이 아니다.

현재 광고하는 스마트팩토리 관련 소프트웨어만 깔면 도깨비 요술방망이가 되어 스마트팩토리가 저절로 되고 경쟁력있는 '가성비의 제품'이 생산될 것으로 생각하고 있는 것은 큰 문제이다.

국내의 스마트팩토리 수준은 81.2%가 미적용의 기초 수준 단계이므로 미적용, 기초 수준에 있는 회사는 선결 과제가 공정 합리화를 실시한 후에 중간 수준 1, 2단계에서 추진해야 한다. 그래서 우선 '공정 합리화'부터 추진해야 한다.

디지털화 추진 전에 스마트팩토리의 질적 향상을 위한 성공 전제조건은 먼저 회사 전체의 '기본 관리'나 '기본 기술'의 수준이 안 되어 있는 공장에 무조건 추진하게 되면 생산에 막대한 손실을 준다. 투자자본수익률을 맞출 수 없어 존폐의 위기에 몰린다.

그러므로 하드웨어나 소프트웨어의 솔루션을 받아들일 수준을 만들기 위해 기본이 안 되어 있는 공장은 먼저 '공정 합리화 활동'을 해야 한다.

■ 1단계 : 낭비 제거 실시

3정5S, 개선의 시발점이며 기본 관리를 확립한다.

■ 2단계 : 공정 합리화

현재 공정을 보다 쉽고 보다 간단하고 보다 편하게 개선하여 기본 기술을 확립한다.

■ 3단계 : 로봇자동화

소형자동화, 부분자동화, 반자동화 등을 추진해야 한다.

- 4단계 : 생산설비의 Fool Proof화

제품 불량 등은 디지털 데이터화로 품질을 개선(휴먼 에러 제로화)시킨다.

- 5단계 : 로봇자동화의 로봇 핸드(그리퍼) 유닛 최적화

로봇 핸드(그리퍼)의 컨셉 설계 지원으로 설비 가동율을 높인다.

대기업의 경우도 5~10년 소요되는데, 중소제조업의 경우는 더 많이 소요될 것으로 예상된다. 단계별 차근차근 추진해 나가야 하며, 그렇지 않으면 실패 확률이 높다. 그리고 나서 스마트팩토리를 구축하는데 지원하거나 생산현장을 디지털화하는 사업이 추진되어야 한다.

과거 1980년대 MRP(자재 소요량 계획) 전산 시스템이 국내기업에 도입되었던 초기에는 우리 수준이 수기로 장부를 기록하는 수준이었기 때문에 전표관리의 체계나 정확도가 떨어져 회계 및 자재 등 제반 관리가 엉망인 상태이었다. 이런 기본이 안 된 환경에 MRP의 도입을 서둘러 많은 기업들은 전산 따로 수작업 따로 운영됐다. 일부 대기업을 빼고는 대부분 실패하여 혼란을 겪은 경험이 있다. 그러므로 '기본의 확립'은 스마트팩토리를 추진하는데 전제 조건이다.

또 한 가지는 제조 공정의 혁신 및 스마트팩토리를 통한 생산성의 향상 즉, 중소기업에 산업혁신운동과 연계하면서 확대 추진하여 Low Cost이면서 플렉시블한 간이자동화로 생산성을 2배로 올려 제조경쟁력을 확보해 수출 증대와 일자리 창출에 앞장서게 해

야 한다.

현재 일본에는 200년 이상이 되는 기업이 3,113개나 있다. 그리고 독일은 1,563개나 있다. 우리나라에는 200년 이상 기업은 단 한 곳도 없어 200년 넘는 중소기업을 만드는 지름길이라 생각한다. 또한 스마트팩토리의 핵심인 로봇자동화의 도입을 통해 다음과 같은 투자효과를 만들어야 한다.

- 제조 역량의 강화, 기술 경쟁력의 강화에 중점을 두고 추진하여 나무뿌리에서 기둥과 숲으로 성장시켜 200년 넘는 수출 및 일자리 창출하는 중소제조기업을 만든다.
- 스마트팩토리의 단계별 추진을 통해 자체 생산성의 향상시킬 기회뿐만 아니라 새로운 시장 기회를 만든다.
- 스마트팩토리의 수준을 높이는 전체 리드타임을 단축시킨다.
- 공장의 합리화 활동이 순조롭게 운영되는 수준의 현장이어야 스마트팩토리를 위한 각종 소프트웨어를 조직에 정착시킬 수 있다.
- 최저 임금의 상승 위기를 스마트팩토리 단계별 추진으로 제조 역량을 강화시키는 기회로 만든다.

끝으로 로봇산업의 특성을 고려하여 선제적 제도를 정비할 필요가 있다.

- 규제 개혁 등 선제적으로 제도를 정비하고 로봇을 대기업에서 제조하는 것보다 전문 중소기업도 육성할 필요가 있다.

🔼 자동 솔더링하는 4축 로봇 모습

- 로봇 관련 최선진국의 규제 현황과 지원방안들을 체계적으로 연구한 후 이를 국내에 적용하는 방안도 찾을 필요가 있다. 이를 통해 틈새시장 중심으로 잠재력있는 로봇기업에 투자가 집중되고 글로벌 경쟁력이 확보되도록 정책적 노력을 기울일 필요가 있다.
- 시장경제체제를 왜곡하지 않는 방법으로 정부의 강화된 정책적 노력이 필요하다.

제4장_

로봇자동화의 실제 사례를 알아보다

국제로봇연맹(IFR)에 따르면, 세계 로봇시장은 글로벌 금융위기 이후 연평균 18% 내외 성장률을 기록하고 있다. 특히 산업용 로봇은 자동차와 전자산업계의 로봇자동화의 도입 확산에 따라 연평균 20%의 증가율을 보였다. 향후 4차산업혁명 시대의 본격 도래로 산업용 로봇과 서비스용 로봇 등 로봇 시장이 크게 성장할 것으로 전망되고 있다. 생산성 및 기술력의 확보, 작업환경을 개선하기 위해 로봇자동화의 구축을 통한 1단계 뿌리산업의 역량 강화가 선행되어야 한다. 이어서 2단계 제조산업의 역량 강화가 이어져야 한다.

이번 장에서는 국내의 경우 뿌리산업의 1개 회사, 제조산업의 1개 회사의 사례, 일본인 경우에는 로봇자동화와 관련된 12개의 회사 사례를 통해 어떻게 자사에 맞게 응용하고 활용할 것인가에 초점을 맞춰야 하는지를 소개하고자 한다.

만일 로봇자동화와 관련된 응용 및 활용 아이디어가 필요하다면, 저자에서 연락을 주시면 성심성의껏 도와드리겠습니다.(연락처와 메일주소는 책 맨 뒷페이지에 있음)

국내 로봇자동화의 사례를 설명하다

뿌리산업인 단조공장의 작업 환경은 특히 여름철에는 매우 열악하다. 핸들링 중량 10~50㎏의 중량물 취급과 소재온도 1,200℃ 이상의 고온, 분진 등에 노출되어 있으며, 주요 공정의 대부분이 인력에 의한 수작업(집게 사용)으로 생산이 이루어지고 있는 실정이므로, 특히 작업자의 건강과 안전에 매우 위협적이다.

최근 영업 물량의 증대에 따라 주야 교대근무 등을 통한 가동시간을 확대하는 것이 절실히 요구되는 시점이나, 작업자의 회피에 따라서 인력 수급도 한계에 이르고 있다. 또한 고온의 중량물 핸들링에 의한 작업자 피로도 증대로 인해, 생산성의 저하 및 불량률의 과다로 이어지고 있다. 특히 작업자의 근골격계 질환 등의 잦은 발생으로 작업 환경의 개선이 절실히 요구되고 있다.

제조산업인 리미트스위치 조립 공정은 스크루 체결작업의 숙련도에 따라 작업량의 차이가 크고 체결 불량률이 높아 품질의 균일화, 작업 환경의 개선 등을 위해 스크루 체결 작업의 로봇자동화가 요구되었다. 그리고 리미트스위치 공정의 스크루 체결작업 로봇자동화를 통해 품질의 균일화, 작업자의 육체적 피로도를 감소시켜 생산성의 향상과 기업의 경쟁력 등을 강화하고자 했다.

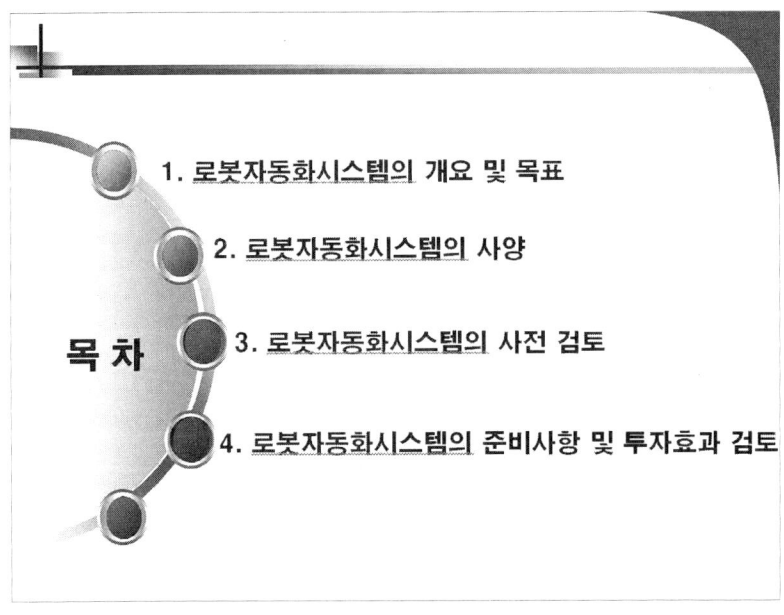

〈지원 요청 내용 요약〉

당사는 열간 단조품 생산업체로서, Forging Press 4000ton #1 Line, 4000ton #2 Line, 1000ton Line 및 Air Drop Hammer Line 등 총 4개 Line을 운용하고 있으며, 대부분 Track Link, Roller 등 건설기계 등 중장비의 무한궤도 부품을 주로 생산하고 있습니다.
뿌리산업인 단조공장의 작업환경은 매우 열악합니다.
핸들링중량 10~50kg의 중량물 취급과 소재온도 1200℃ 이상의 고온, 분진 등에 노출되어 있으며, 주요 공정의 대부분이 인력에 의한 수작업(집게 사용)으로 생산이 이루어지고 있는 실정이므로, 특히 작업자의 건강과 안전에 매우 위협적인 작업 환경이 되고 있습니다.
최근 영업물량의 증대에 따라, 주야 교대근무 등을 통한 가동시간 확대가 절실히 요구되는 시점이나, 위와 같은 열악한 환경으로 인한 작업자의 회피에 따라, 인력 수급도 한계에 이르고 있습니다. 또한, 고온의 중량물 핸들링에 의한 작업자 피로도 증대로 인해, 생산성의 저하 및 불량률의 과다로 이어지고 있으며, 특히 작업자의 근골격계 질환 등의 잦은 발생으로 작업환경의 개선이 절실히 요구되고 있습니다. 이에 당사는 공장 자동화 프로젝트를 추진 중에 있으며, 당사 자체의 인력으로 전체를 핸들링하기에는 한계가 있어, 프로젝트를 전담할 SI 회사로 B社를 선정하여 전체 프로젝트를 위탁, 진행 중입니다.
로봇 시스템 도입시 30% 이상의 생산성 증가와 0.5%의 공정(찍힘 등) 불량률의 개선, 인건비를 포함하는 연간 3억원 이상의 생산원가 절감, 산업재해율 제로 등이 목표입니다.
뿌리산업인 단조공장은 3D업종으로서 외국인도 기피하는 작업이므로 로봇을 활용한 자동화시스템을 추진할 수밖에 없는 극도의 어려운 상황에 직면하여, 한국생산기술연구원에 지원 의뢰를 하오니 부디 잘 검토하시어, 대한민국의 뿌리산업의 애로점 해소에 큰 도움이 되어 주실 것을 간곡히 부탁드립니다.

현재 운용중인 생산공정 현황-1

현재공정	세부 공정	작업 내용	자동화 대상
1.원재료 입고 (철강재)	소재 야적	Round Bar 형태의 철강재 입고	
2.절단	Billet Shear 또는 Sawing	필요한 Size로 절단	
3.소재 공급	소재 공급(Pallet 공급)	Pallet를 지게차로 호퍼에 공급	
	자동 정렬(Step Feeder)	Step Feeder로 자동 정렬 공급	간이자동화로 Trouble개선
4.가열	Induction Heater	연속 자동이송 가열 (1200℃~1250℃)	
5.소재 이동	Press 내로 이송 Chute 이용	낙차 이용	로봇자동화
6.단조	1공정(Upsetting)	수작업(집게 사용)	로봇자동화
	2공정(Blocker 또는 생략)	수작업(집게 사용)	로봇자동화
	3공정(Finisher)	수작업(집게 사용)	로봇자동화
7.제품 이동	단조 → 트리밍간 이송	Chute 및 Conveyor	로봇자동화

현재 운용중인 생산공정 현황-2

현재 공정	세부 공정	작업 내용	자동화 대상
8. 트리밍	Trimming(Flash 제거) (필요시 Piercing)	수작업(집게 사용)	로봇자동화
9. 제품 이동	트리밍 제품 → Conveyor	수작업(집게 사용)	로봇자동화
	Flash, Piercing Scrap → Pallet 배출	수작업(집게 사용)	로봇자동화
10. 제품 운반	열처리 위한 출고장	지게차	
11. 열처리	열처리공장 외주	운송	
12. 후처리	후처리(쇼트, 교정) 공장	외주	
13. 검사	치수 검사, 크랙 검사(MPI)	외주	
14. 방청 또는 도장	표면 처리	외주	
15. 포장	Pallet	수작업	
16. 출하	운송		

공정 현황 및 구축하려는 로봇자동화시스템 (현재 사용 중인 생산공정의 현황)

자동화 적용 공정 : 5번, 8번 10번 항목 (도입하고자 하는 로봇 및 구축하려는 시스템)

1. 로봇자동화시스템의 개요 및 목표

대상 라인 : 4000톤 2호 포장 프레스 라인

수작업 생산
- ❖ 인력난 심각
  - ➢ 숙련도에 따른 생산성, 품질 차이 현저함
  - ➢ 숙련된 작업자를 구하기가 어려움
  - ➢ 작업자의 이직률이 높음
- ❖ 수작업의 생산성
  - ➢ 업셋, 블로커, 피니셔 공정 개별 진행
  - ➢ 생산속도 : 16-25초/ea

자동화 생산
- 소재공급 + 단조 + 트리밍 + 스크랩 취출
- 금형세팅, 관리 인원만으로도 운영 가능
- 원형(롤러류), 일반형(링크류) 별도 지그
- 생산성 향상 30% 이상(생산속도 : 15초/EA)

---

1. 로봇자동화시스템의 개요 및 목표

로봇자동화 목적

- ❖ 품질 향상
  - ➢ 일정한 조건으로 단조함으로써, 균일한 단조품의 품질 유지에 유리
  - ➢ 이형재 자동분사장치의 적용으로 형타 불량 및 스케일 불량의 감소, 금형 수명 연장

- ❖ 생산작업자(Operator)의 인력난 해소
  - ➢ 단조 Operator의 인력수급 문제 해소
    (단조 고숙련자에 의한 작업을 필요로 하지 않음)
  - ➢ 현재 4,000ton Line 5인 1조 ➔ 자동화후 2인 또는 1.5인 / 1조

- ❖ 생산원가의 절감 및 매출증대, 간접효과
  - ➢ 생산성의 향상으로 인한 공정 원가 절감
  - ➢ 근무조(shift)당 작업자 3~3.5인 인건비 절감
  - ➢ 가동률의 향상에 의한 원가 절감 및 매출 증대(영업물량 대응 용이)
  - ➢ 현재 인원만으로 Full 2shift 운영 가능에 따른 생산 CAPA 증대, 매출 증대
  - ➢ 자동화 도입 후의 대외적 신인도 상승으로 영업활동의 시너지 효과

1. 로봇자동화시스템의 개요 및 목표

자동화 목표 4000ton #2Line

생산성 목표
- ❖ 수작업 대비 30% 이상 생산성 향상
  - ➢ 롤러류 단조품 생산시 : 28% 향상(수작업 25초/ea → 자동화 18초/ea 목표)
  - ➢ 링크류 단조품 생산시 : 33% 향상(수작업 18초/ea → 자동화 12초/ea 목표)
- ❖ 가동률 향상 15% 이상 달성
  - ➢ 금형교환시간 2~3시간 단축(현재 3~4시간 소요, 간이 QDC 도입 후 1시간 예상)
  - ➢ 점심·저녁 식사시간 교대 적용으로 연속가동 가능, 주간조 2시간 10분 이상 추가생산 가능
    (점심시간 1시간 및 금형 재예열시간 20분, 저녁시간 30분 및 금형 재예열시간 20분)

품질 목표
- ❖ 단조 공정 불량률 0.3% 이하 관리
  - ➢ 두께 불량률 0.1% 목표, 스케일, 형타 불량률 0.2% 이하 목표

원가절감 및 매출증대에 의한 순익증대 목표
- ❖ 연간 5억원 이상 절감(간접효과 별도)
  - ➢ 인건비 절감 연간 3억 5천만원 : 1인 경비 5천만원/연 x 2인 x 2shift
  - ➢ 생산성 향상에 의한 절감 1억5천만원 : 생산성 향상 30% x 5인(현재 인원) x 5천만원 x 2Shift
  - ➢ 가동률 향상에 의한 원가절감 및 매출 증대 / 불량 처리 비용 감소 등에 따른 추정 효과 약 2억원

2. 로봇자동화시스템의 사양 검토

로봇 사양
- 로봇 메이커 : OOO社의 장점과 단점을 검토한 후 결정
- 최대 작업중량 : 4000톤 라인 소재기준 50kg(가반중량 : 220kg)
- 로봇 설치대수 : 기본 3대(필요시 추가)+주변장치

주변장치
- 필요장치
  - ➢ 소재공급장치, 단조품 대기 Station
  - ➢ 로봇 핸드 5set(원형 #1, #2, #3 로봇 및 일반형 #1, #2 로봇)를 기본으로 하되, 품목별 필요시 추가
  - ➢ PLC 및 방열카바
1) 소재공급장치 및 단조품 대기 Station
   - 소재 공급 장치(소재공급 Station 또는 틸팅장치)
     → 원형 단조시, 틸팅장치를 사용하여 소재 공급 시간 및 생산 사이클 단축 가능
        (필요시 추가 검토)
     → 장축 일반형 단조시, 장축형 Station만으로 가능
   - 단조품 대기 Station : 피니셔 완료된 단조품을 트리밍 로봇에 공급해주는 장치

2. 로봇자동화시스템의 사양 검토

2) 로봇핸드 4set 제작(원형 일반형 공용 3set + 일반형 1set)
   - 1번 로봇 핸드 2set
     - 원형 제품용 1set(소재 로딩 공정, 업세팅 ➔ 불로커 이송)
     - 장축형 제품용 1set(소재를 눕혀서 안착시 필요)
   - 2번 로봇 핸드 1set : 원형 및 장축형 공용으로 사용
     (불로커 ➔ 피니셔 이송, 피니셔 ➔ Station 이동)
   - 3번 로봇 핸드 1set : 원형 및 장축형 공용으로 사용

3) PLC 제어
   - PLC 제어장치 및 LCD 터치패널
     - 자동화 작업 및 에러 발생시, 작업자가 실제 조작하는 LCD 터치패널
   - 방열카바 2set
     - 핸드부+몸체 Full set
     - #1, #2 로봇(#3 로봇은 비교적 열 및 분진 영향이 적으므로 제외)

2. 로봇자동화시스템의 사양 검토

추가 비용 검토

로봇 구동 관련

1) 이형제 분사장치
   - 이형재 탱크 신규 제작
   - 제품 특성에 따라 이형재 분사 치구 및 노즐 제작
2) 제품 형상별 치구(Arm, Finger, Locator 등)
   - Arm, Finger - 원형 단조품
     ➔ 공용치구 1set로 대부분 Item 대응 가능(특수한 경우만 추가 제작)
     - 일반형 단조품
     ➔ 제품 형상에 따라 개별치구 교체 필요(그룹화하여 최소 제작 검토)
   - Locator - 원형 단조품 ➔ 제품의 형상에 따라 구분하여 Seat(제품 받침대) 공용 사용
     - 일반형 단조품 ➔ 모든 제품에 대해 별도의 Seat 제작 필요

2. 로봇자동화시스템의 사양 검토

기타 추가 공사 필요사항

1) 소재공급 Step Feeder 개선
    - 소재 공급 Trouble로 인해, 작업자가 소재를 올려주고 있는 실정임
    - 원활한 소재 공급을 위한 간이자동화 장치 설치
2) 슈트(Chute) 공사
    - 고주파 코일에서 Station에 소재 공급(및 바이패스 등)을 위한 신규 슈트 공사 필요
    - 고주파업체 및 로봇업체에서 로봇과 신호 체계를 확인하면서 협업 진행 예정
3) 전기공사
    - Forging Press 및 Trimming Press와 로봇 간의 신호 교환을 위한 전기설비 교체 공사
    - 로봇에 전기 공급을 위한 기초 전기공사(제어 전원 DC 24V ; 입력 전원 220V,3상,60Hz)
4) Knock Out System 개조
    - 현재 사용중인 K.O System으로는 자동화가 불가하므로, K.O System 전체 개조
    - K.O Stroke 60~80 확보, 동작 타이밍 및 유지시간 조절 가능토록 개조
    - 상부 K.O은 개조비용의 과다하므로 현 상태로 라이너 삽입방식 그대로 사용
5) 에어 컴프레서 및 배관 공사
    - 현재 사용중인 컴프레서 사용 가능시, 배관 공사만 실시

2. 로봇자동화시스템의 사양 검토

기초 공사

1) 로봇 고정을 위한 기초 및 철판공사
2) 프레스 주변 및 피트(Pit) 및 Cover 재공사

Q.D.C System 도입

- 현재 금형 교체시간 3~4시간 → 약 1시간으로 단축
1) Bolster 신규 설계 및 제작 (단조 금형 체결용 유압 클램프 적용)
2) 간이 Q.D.C 도입/ 트리밍 홀더 신규제작
    → 합리화 개선 및 신규 제작, 체결용 유압클램프 적용 2set
3) Q.D.C 위한 금형 및 홀더 표준화
    → 로봇 자동화를 위해서는 Bolster, 금형 Holder, 금형의 K.O 표준화 필수
        (현 사용중인 홀더 및 금형의 설계변경 및 수정(수정불가시 신규 제작))
4) 간이식 외부 예열 System 도입
5) 간이 Q.D.C를 위한 기초 공사 및 레일 공사

3. 로봇자동화시스템의 사전 검토

자동화 아이템 검토

1. 원형 단조품

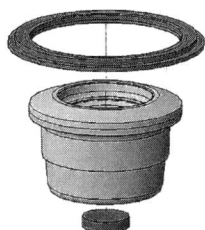

- 3공정 단조품(업셋, 블로커, 피니셔)
  - 축대칭형상 또는 그와 유사한 형상의 단조품에 적용
  - 소재공급 : 소재를 수직으로 세워서 공급
  - 단   조 : 업셋/피니셔 동시 작업+블로커 개별 작업
  - 복동식트리밍 - 단조품 및 트리밍 스크랩 로봇으로 배출
    - 피어싱 스크랩은 별도 자동화 장치로 배출
- 2공정 단조품(업셋, 피니셔)
  - 3공정과 2공정의 생산 속도에 차이가 거의 없음
  - 블로커 공정을 추가하여 금형 수명을 향상시켜 작업
- 추가 준비사항
  - 업세팅 하형 높이가 항상 일정하도록 준비
  - 녹아웃 : K.O STROKE 60~80mm 확보
  - 제품 형상에 따라 이형제 분사 지그 별도 제작할 수 있음
  - 원형 그립퍼, Arm 및 Jaw는 공용 사용

3. 로봇자동화시스템의 사전 검토

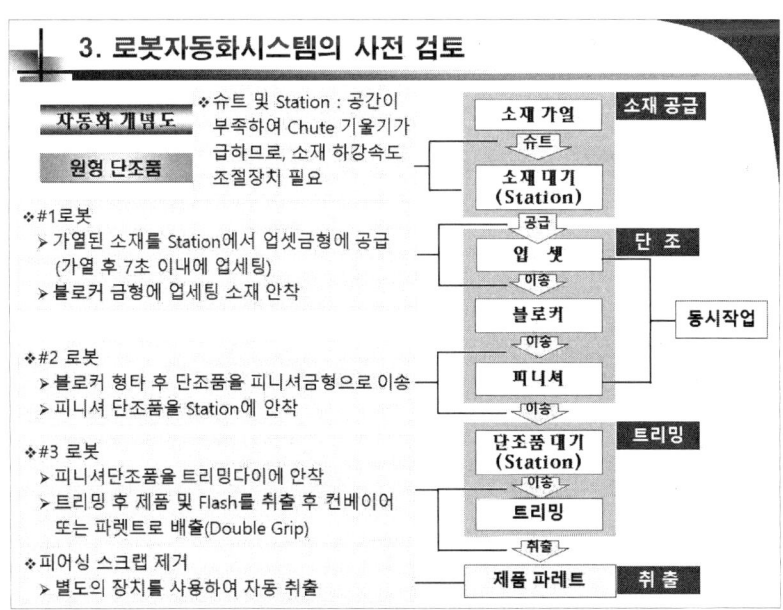

제4장_ 로봇자동화의 실제 사례를 알아보다 • 191

3. 로봇자동화시스템의 사전 검토

자동화 아이템 검토

2. 일반형 축류 단조품

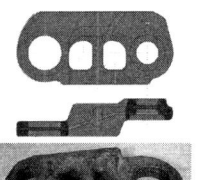

- 소재를 눕혀서 단조하는 모든 제품에 적용
- Shaft류 단조품(블로커, 피니셔)
  - 소재공급 : 소재를 수평으로 눕혀서 공급
  - 단　　조 : 블로커/피니셔 개별 공정 작업
  - 트 리 밍 : 단조품 및 트리밍 스크랩을 로봇으로 배출
- 링크류 단조품
  - 자동화 초기 : 블로커/피니셔 개별 공정 작업
  - 양산 이후　: Preform(BU.) 공정 추가하여 금형수명 향상 작업 검토
- 추가 준비사항
  - 하형에서 단조품이 평행하게 올라올 수 있도록 녹아웃 개선
    (현금형 사용 가능성 검토, 필요에 따라 금형 신규 제작)
  - 제품 형상에 따라 JAW 및 이형재 분사 지그 별도 제작

3. 로봇자동화시스템의 사전 검토

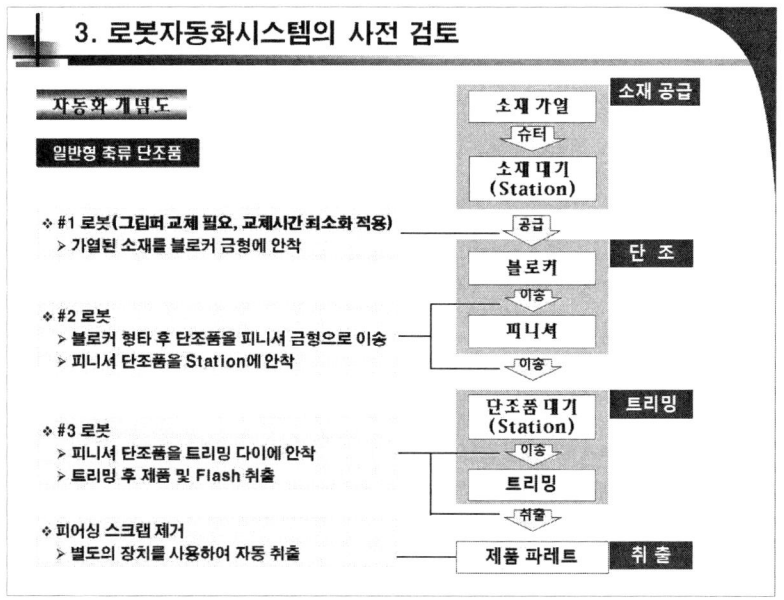

자동화 개념도

일반형 축류 단조품

- ❖ #1 로봇 (그립퍼 교체 필요, 교체시간 최소화 적용)
  - 가열된 소재를 블로커 금형에 안착

- ❖ #2 로봇
  - 블로커 형타 후 단조품을 피니셔 금형으로 이송
  - 피니셔 단조품을 Station에 안착

- ❖ #3 로봇
  - 피니셔 단조품을 트리밍 다이에 안착
  - 트리밍 후 제품 및 Flash 취출

- ❖ 피어싱 스크랩 제거
  - 별도의 장치를 사용하여 자동 취출

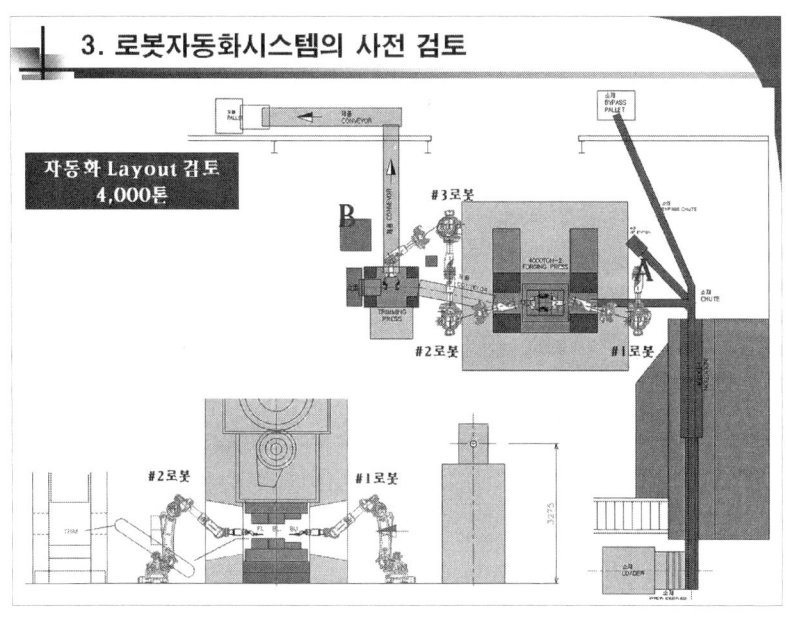

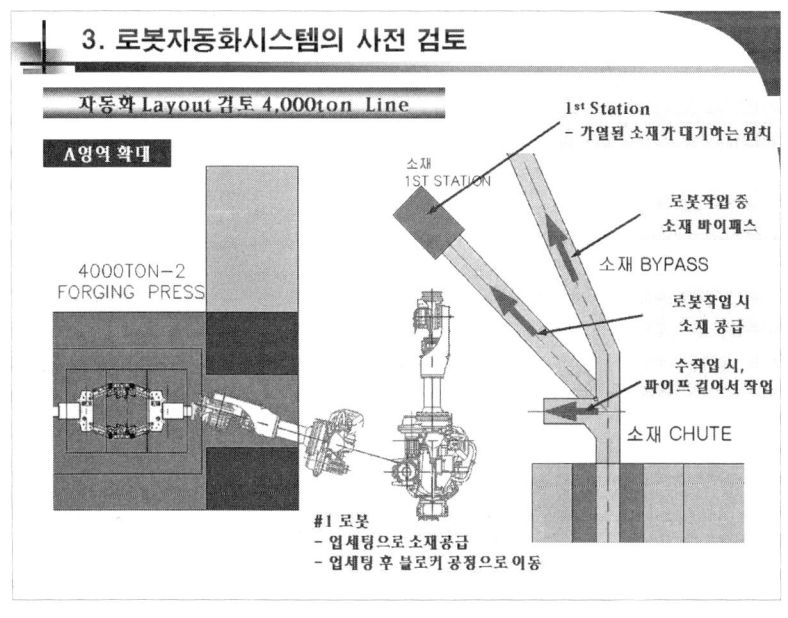

제4장_ 로봇자동화의 실제 사례를 알아보다 • 193

3. 로봇자동화시스템의 사전 검토

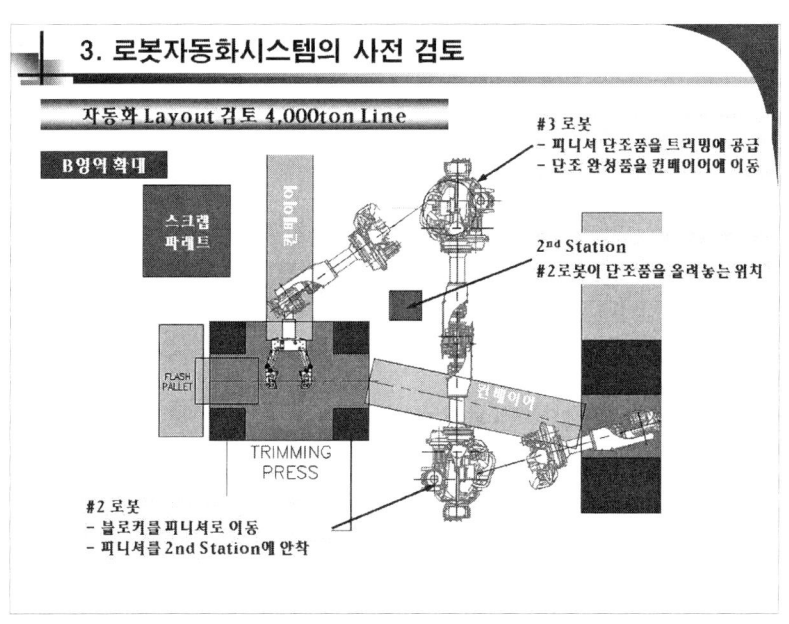

3. 로봇자동화시스템의 사전 검토

4. 로봇자동화시스템의 준비사항 및 투자효과 검토

1. 기본 준비사항

- ❖ 기초 철판(로봇업체 도면사양에 따름)
  - ➤ 로봇 설치용 기초 베이스 철판(3장)
- ❖ 전기 및 공압
  - ➤ Robot용 1차 전기 공사
    - 제어 전원 DC 24V : 입력 전원 220V, 3상, 60Hz
  - ➤ 에어 컴프레서 및 배관공사
    - 공압 6bar 이상 3개소 공급(로봇 베이스 뒷단 하부까지)
- ❖ 재고생산
  - ➤ **로봇 설치 기간 동안 필요한 재고 확보(30일 이상)**
    - 프레스 전기 공사용 피트 공사 5일
      (콘크리트 양생 중 프레스 주변청소 및 피트 청소)
    - 프레스 전기공사 5일
    - 기초공사 기간 4일 : 바이패스, 볼스타 교체, QDC 테스트 등
    - 로봇 설치기간 6일
    - 로봇 설치 후 양산 테스트 10일

4. 로봇자동화시스템의 준비사항 및 투자효과 검토

2. 볼스타, 금형 등 준비

- ❖ 볼스타 / Q.D.C
  - ➤ Bolster 신규 제작
  - ➤ Q.D.C 제작(단조금형 교체용 Q.D.C/트리밍 홀더 교체용 Q.D.C)
- ❖ 금 형
  - ➤ 금형 홀더 표준화 및 금형 개선
    - 원형(롤러 등) : 금형에서 최소 60mm 이상 녹아웃할 수 있도록 준비
    - 일반형(링크 등) : 제품의 Knock-out pin을 4개소에 설치, 제품이 수평으로 올라오도록 준비
- ❖ 외부 예열 System
  - ➤ 조립 금형을 사전에 외부에서 250℃로 예열하는 장치 검토

3. 소재 공급 관련

- ❖ 스텝피더(Step Feeder) 개선 공사
  - ➤ 소재공급 트러블 해결을 위한 Step Feeder 개선 및 간이자동화 설치
- ❖ 신규 슈트 및 바이패스 공사
  - ➤ 고주파 업체에서 로봇과 신호 체계 확인하면서 진행 예정

4. 로봇자동화시스템의 준비사항 및 투자효과 검토

4. 프레스 수리 및 전기공사

❖ 프레스 수리
- 프레스 윤활라인 점검
- 4,000톤 프레스 상부 Slide Adjust 고장부는 수리비용 과다하고, 간이 Q.D.C 설치 시 현재와 동일한 방식으로 라이너 삽입이 보다 편리해지므로, 움직이지 않도록 고정만하여 사용한다.
- K.O 개조(하부만 개조)

❖ 프레스 전기공사
- 포징프레스 및 트리밍프레스 전체 전기설비 교체공사 실시
- 프레스 조작시 디지털 신호에 의해 작동

4. 로봇자동화시스템의 준비사항 및 투자효과 검토

이형제 자동분사 검토

- 이형제 정밀 자동분사 시스템 구성
  - 로봇연동 제어밸브 설치
    - 프레스에서 이형제 제어

- 이형제 분사 최적화
  - 이형제 분사방향, 분사노즐 설계
  - 블로커/피니셔 별도 제어 시스템 구성
  - 이형제 분사방법 검토

투자사항

❖ 이형제 공급 장치 제작
- 고압으로 이형제 공급

❖ 이형제 분사 시스템, 볼스터 고정식 및 로봇암 부착 병행 사용
- 아이템 별 분사지그 별도 제작

4. 로봇자동화시스템의 준비사항 및 투자효과 검토

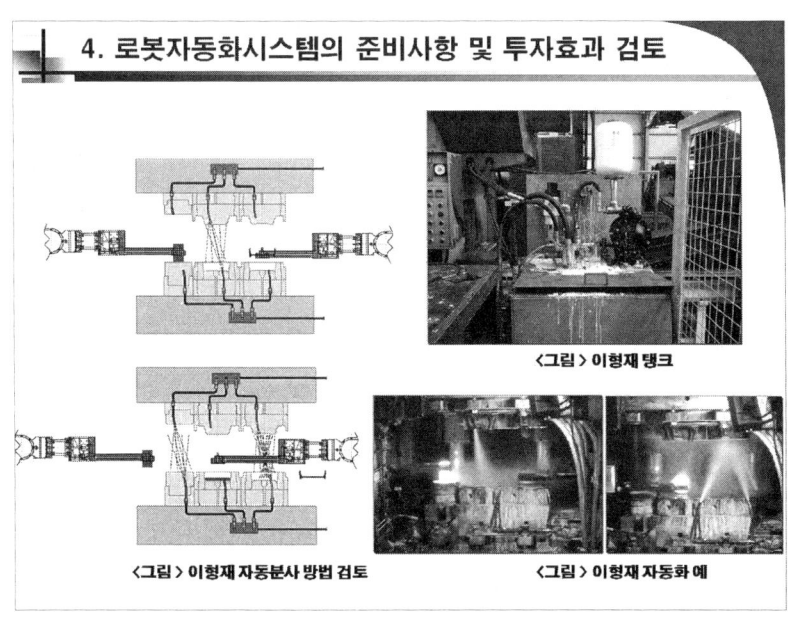

<그림> 이형재 탱크

<그림> 이형재 자동분사 방법 검토   <그림> 이형재 자동화 예

4. 로봇자동화시스템의 준비사항 및 투자효과 검토

예상 투자비용 (추정금액임)

(단위 : 천원)

순번	항목	시행업체	4000ton	비고
1	로봇설치		330,000	3 Item 시운전- 이후 자체 관리
2	프레스 수리		60,000	- 윤활라인 교체, K.O 개조, Slide Adjust 고정 - 기타 수리 필요건
3	전기설비		55,000	- 프레스 제어신호 Inter Lock - 기타 전기설비 교체/기초 전기공사
4	소재 공급 슈터		12,000	- 고주파 점검 - 소재공급 슈트 신규제작
5	스텝 피더 개선		5,000	소재공급 트러블 완전 해소
6	볼스타		150,000	자동화 대응, 금형교체 시간 단축
7	간이 QDC		35,000	금형교체 시간 단축,외부예열
8	TR 홀더		80,000	자동화 대응, 2SET제작, 금형 교체 시간 단축
9	이형제 자동화		54,000	이형제 탱크, 이형재 분사지그 (고정식 및 로봇 병행)
10	기타 부대비용		15,000	피어싱 스크랩 자동배출
11	엔지니어링 비용		80,000	기초공사 및 Cover류, 제관공사 포함
12	일반관리비 외		87,600	
	합 계		963,600	

[K社] 컨설팅 최종보고서

- 스크루 체결 로봇 자동화를 통한 인당 생산성 15% 향상 -

<목 차>

I. 사업 개요
II. 현황 분석
III. 체결 시스템 방식
IV. 최적 체결 시스템
V. 예상 투자 효과
VI. 컨설팅 성과

---

1. 컨설팅 추진배경

I. 사업 개요

리미트스위치의 제조 공정은 스크루 체결작업의 숙련도에 따라 작업량의 차이가 크고 체결의 불량률이 높아 품질의 균일화, 생산성의 향상, 작업환경의 개선을 위해 스크루 체결의 로봇 자동화가 요구된다.

<현 황>

- 작 업 자 수 : 4명
- 제 품 생 산 량 : 000개/1일
- 체결 스크루수 : 11개/제품
- 총 체결스크루 : 0000개/일
  (1인당 수)   (0000개/일)
- 스크루체결방법: 에어드라이브

<문 제 점>

- 체결불량률이 높다.(15%)
  - 작업자 간 통일이 안된다.
- 숙련도에 따라 작업량의 차이가 크다.
  - 초보자와 숙련자간 30% 차이가 난다.
- 숙련 시까지 1년 이상 소요된다.
- 높은 작업피로도로 이직률 높다.

<개선 요구사항>

품질 균일화
(불량률의 개선)

생 산 성 의 향 상

작업 환경 개선

스크루 체결 로봇자동화

2. 컨설팅 목적

I. 사업 개요

리미트스위치 공정의 스크루 체결작업의 로봇자동화를 통해 품질의 균일화, 작업자의 육체적 피로도를 감소시켜 생산성을 향상시킴으로써 기업 경쟁력을 강화하고자 한다.

로봇자동화를 통한 생산성의 향상 및 기업경쟁력의 강화

현황분석	개선안 도출	실행 및 사후관리
▪ 제품현황 분석 ▪ 공정현황 분석 ▪ 불량 분석 ▪ 문제점, 도출	▪ 부분별 개선방안 도출 ▪ 개선방안 별 컵셉 설정 ▪ 방안별 재무효과 분석 ▪ 최종 자동화 방안 도출	▪ 개선 이미지 작성 ▪ 개발사양서 작성 ▪ 설계도면 작성 ▪ 제작 및 보완관리

리미트 스위치 공정의 문제점 및 애로사항

3. 수행목표

I. 사업 개요

스크루 체결 로봇자동화로 Tact Time을 15% 단축하여 1인당 생산량을 000개/일(00% 개선)과 공정 불량률을 00%(00%→0%) 개선을 수행목표로 한다.

<수행 내 용>

- □ 스크루 체결 자동화에 의한 Tact Time 단축한다.
- □ 수작업 체결 → 안착기구로 제품 고정하여 스크루 체결한다.
- □ 제품 1개씩 작업 → 제품 5개를 동시 작업한다.
- □ 센서에 의한 불량을 사전에 검출한다.
  (스크루 불량, 스크루 체결 불량)

<수 행 목 표>

(1인당 생산성)
00% ↑ 000개/일
000개/일

(공정불량률)
00% 00% ↓
0%

4. KPI 개별목표

Ⅰ. 사업 개요

1) 정량적 지표

분야(KPI)	단위	컨설팅 前	목표	개선율	비 고
제조 C/T	초		37.6		
납기준수율	%		97		
1인당생산량 /1일	개		186		
스크루 체결 불량률	%		5		
3정5S 개선사례	건	0	10	100%	

2) 정성적 지표
- ○ 작업자 육체적 부담 감소   ○ 작업환경의 개선   ○ 품질의 안정(투입자재, 체결)

5. 추진내용 요약

Ⅱ. 현황 분석

[추진배경]
1) 리미트 스위치 공정의 스크루 체결작업을 하는 간이자동화를 통해 품질의 균일화
2) 작업자의 육체적으로나, 정신적 피로도 감소
3) 생산성의 향상
4) 제조경쟁력의 강화

[추진목적]
1) 단기목표 : 생산성의 향상 00%
            체결토크 관리로 품질의 향상
2) 장기목표 : 생인화 1명

[대상모델 및 공정]
1) 대상모델 : 리미트스위치 00
2) 대상공정 : 리미트스위치 Head&Body M3.5 x 28mm 4개 체결 / Body&Cover M3.5 x 13mm
3) 작업레벨 : 스크루의 체결 로봇자동화 + 제품 Loading & Unloading 수작업

6. 대상제품_리미트스위치 Ass'y   Ⅱ. 현황 분석

00모델은 부품수가 16개(Sub Ass'y 기준)이며, 스크루의 체결 부위는 4개소(노란색) 이다.

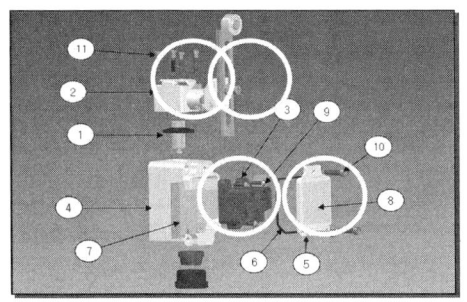

번호	부품명	부품번호	수량	번호	부품명	부품번호	수량
1	SHAFT ASS'Y(001 2,3)	LS-ST-007	1	11	HEAD BOLT(001 2,3)	LS-ST-005	4
2	LEVER ASS'Y(001)	LS-ST-008	1	12	판넬허무 BOLT-5	LS-BT-008	4
3	MICRO ASS'Y	LS-ST-006	1	13	후렌지 NUT-5	LS-BT-014	4
4	BODY	LS-DC-001	1	14	CABLE NUT	LS-MD-006	1
5	BODY COVER	LS-DC-002	1	15	CABLE PROOF IN BOX	LS-RU-006	1
6	COVER 발수칠	LS-RU-005	1	16		LS-BX-001	1
7	절연지	LS-PP-001	1	17			
8	스티커	LS-ST-001	1	18			
9	MICRO FIXING BOL	LS-BT-006	3	19			
10	COVER BOLT	LS-BT-007	3	20			

7. 대상제품_Screw 분석   Ⅱ. 현황 분석

스크루의 끝단이 사각으로 되어 있어 스크루가 체결 위치 찾기가 용이하지 않아 쇄기 현상으로 체결 도중에 멈추는 현상이 발생할 수 있다. → 끝단을 테이퍼 2mm/30°를 준다.

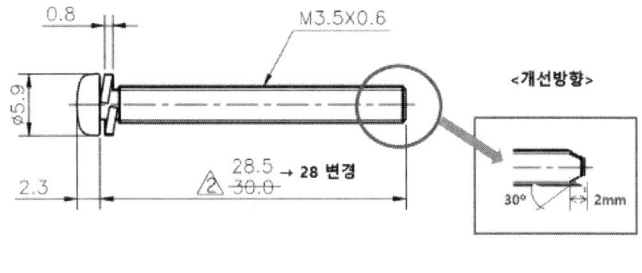

8. 체결공정_작업공정 순서   Ⅱ. 현황 분석

1단계 Body&Head 체결 로봇자동화, 2단계 Body&내장 Micro 체결 로봇자동화,
3단계 Body&Cover 체결 로봇자동화, 4단계 Hoist 스위치 체결 로봇자동화 등

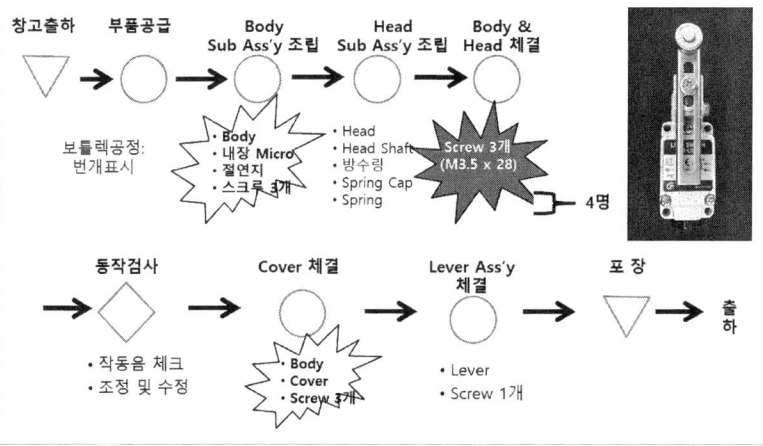

9. 체결공정_작업 애로 사항   Ⅱ. 현황 분석

작업반장 인터뷰를 통해 작업현장에서의 스크루 체결 애로 사항을 파악한다.

- ○ Head에 볼트가 잘 안 들어간다.
- ○ 작업시 Body와 Head를 맞추는 것이 힘들어서 손이 틀어질 때도 있다.
- ○ 볼트를 삽입하는 경우 볼트가 길어서 작업의 어려움이 있다.
- ○ 나사 길이 ½ 삽입했을 때 더 안 들어 가는 경우도 있다.
- ○ 내장 볼트는 3개 밖에 없다.
  - 레버가 소리가 안 나는 경우에는 볼트를 체결하는 힘에 차이나서 다시 볼트를 빼서 다시 박는다.
- ○ 볼트체결 불량 : 최대 OO개/일, 최소 O개 미만 – 1일 OOO개 생산 시

[체결 불량시 문제점]
조립공정에서 체결불량이 발생 안 되도록 하는 것이 매우 중요하다.
- 체결볼트 푸는 시간으로 인해 Loss가 발생한다.
- 정상적으로 소리가 날 때까지 확인하는데 걸리는 시간 자체가 Loss이다.

10. 체결공정_동작불량 원인분석   Ⅱ. 현황 분석

Push Shaft의 Stroke가 1.4mm 초과인 경우, 동작을 구동테스트시 불량이 발생한다.

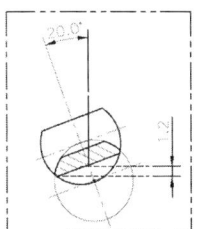

<20°회전시 접점 눌림 STROK>

- 20° : 1.2mm(도면)
- 딸각 : 1.45mm
- Micro 접점 ON : 1.2mm

동작구동 원리

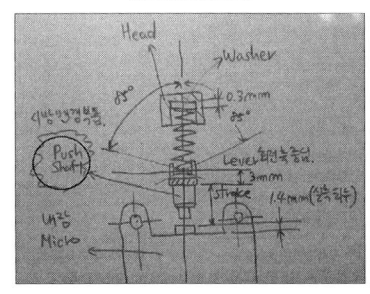

Push Shaft가 Y축 Stroke 1.4mm 눌러주어야 동작구동 소리가 난다.
- 1.4mm 이하인 경우, 동작구동 소리가 난다.(O.K)
- 1.4mm 초과인 경우, 동작 구동 소리가 나지 않는다.(N.G)

* 불량원인 : Push Shaft 시방 변경 전 부품이 입고가 원인이다.

---

11. 체결공정_드라이브 비교   Ⅱ. 현황 분석

토크 관리가 정확하고 소음이 거의 없고 신뢰성이 우수한 Servo 드라이브가 가장 우수하다.

구 분	Servo 드라이브	Air 드라이브	전동 드라이버
토크관리정도	5% 이내(토크관리 가능)	대략 15%~20%(토크관리의 어려움, 공급 Air 입력에 따라 다르다.)	대략 실질적인 정도 10%~15% (수동토크 조정 타입) 충격토크(체결부하에 따라 회전수 변동이 있다.) 브러쉬 마모, 스프링텐션, 작업자의 작업 상태에 따라 영향이 있다.
소 음	소음 거의 없다.	Air 배기 소음 크다.	모터소음이 있다.(Air툴에 비해 작다.)
데이터값통신	USB, RS485, RS422토크값통신	기능없다.	기능없다.
신호에 의한 토크 값전환	16개까지 토크 입력 가능 디지털수치입력방식 모델에 따라 토크값 전환 가능	불가능. 토크조정 타입에 한하여 수동으로 토크값변경한다.	불가능. 작업자가 토크조정링을 회전시켜 조정한다. 단, 조정된 토크값은 토크메터로 반드시 확인하여야 한다.
구동방식	AC Servo 모터	Air 구동	DC 모터구동
Arm Driver 적용사례	많다. 토크관리가 되는 드라이버 사용으로 인해 안정적인 체결값을 얻는다.	거의 적용하지 않는다. 토크 정도가 좋지 않아 관리가 안 되므로 적용을 잘 안한다.	주로 스프링 발라스 사용한다. Arm Driver에는 장착하는 경우는 적다. (서보모터타입 이상 토크정밀도가 높은 드라이버 사용시 적용사례가 많다.)
제어방식	토크제어, 각도제어, 정역회전 전류제어방식(프로그램에 의한 자동 제어방식)	Air 입력으로 인한 기계식 클러치 제어, 수동정역전	클러치 방식에 의한 기계식 제어. 수동정역전
수 명	상대적으로 길다.	상대적으로 짧다.	상대적으로 짧다.

12. 스크루 체결시스템 2차 검토_안착치구 이미지   Ⅱ. 현황 분석

안착치구는 Body 제품을 각 1개씩 Loading한 후 그 위에 Head 제품을 Head 가이드 플레이트가 상승하여 회전하면서 Head를 가이드하여 스크루 체결용 이미지를 작성하여 니또社에 반영 요청했다.

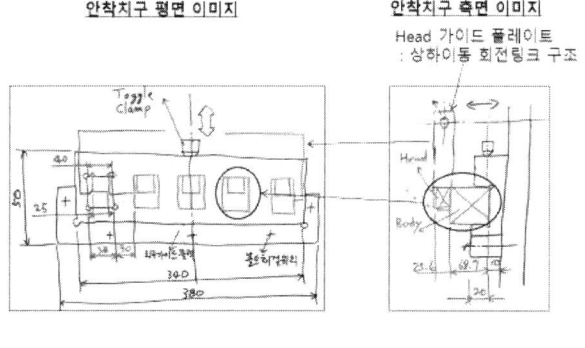

안착치구 평면 이미지   안착치구 측면 이미지

Head 가이드 플레이트
: 상하이동 회전링크 구조

13. 현황분석 주요 Issue   Ⅱ. 현황 분석

도출된 주요 Issue들은 최적 스크루 체결 로봇자동화 설계 전에 선결해서 반영되어야 한다.

제품 및 부품
1. 부품수의 표준화 및 공용화를 통한 부품의 수량 감소가 필요하다.
   - 호칭경(스크루의 체결 사이즈)를 1가지로 통일, 체결 Head가 제품모델을 체인지가 용이하게 구조되어야 한다.
2. 스크루의 끝단이 사각으로 되어 있어 스크루가 체결 위치를 찾기가 용이하지 않아 쐐기 현상으로 체결 멈춤 현상이 발생할 수 있다 → 끝단을 테이퍼 2mm/30° 를 준다.
3. 부품공급업체에서 스크루의 출하 시 Lot별로 5개씩 8개 검사항목으로 샘플링 검사를 하고 있으나, 자동화시 가동율 중대시키기 위해서는 스크루의 품질안정이 요구된다.

공 정
1. 현재는 Body에 손으로 Head를 잡고 스크루 체결위치에 맞추고 체결함으로써 위치틀어짐이라는 불량이 발생할 우려가 있고 작업자의 손가락 아픔이 발생한다.
2. 조립공정에서 체결불량 발생시, 스크루 푸는 시간의 Loss가 발생함으로 체결불량 사전 예방이 중요하다.
3. Sub Ass'y가 5개 정도면 현재 배치생산방식에서 Cell 생산방식으로 검토가 필요하다.

공구/설비
1. 드라이브는 토크관리가 정확하고 소음이 거의 없고 신뢰성이 우수한 Servo드라이브가 가장 우수하다.
2. 스크루 체결시스템의 가격은 높지만 공급실적 및 신뢰성을 감안할 경우 니또社의 제품이 가장 우수하다.
3. 스크루 체결 로봇자동화 설비의 설치시 작업 스페이스의 부족으로 인해 작업 스페이스 확장이 필요하다.

14. 스크루 체결방식 분석_척조방식   Ⅲ. 체결 시스템 방식

- 체결면이 평면조건에 많이 사용하며, 단차가 있는 곳은 별도로 Z축 시스템을 사용해야 한다.
- 체결 면까지 척조(Chuck Jaw)가 물고 내려가기 때문에 상대적으로 안정적이다. (추력제어방식 없음)
- 높이검출은 근접센서 사용으로 2mm 이상 가능하다.

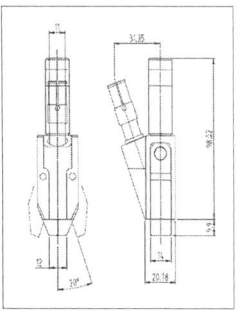
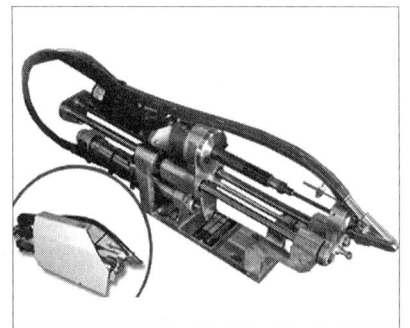

15. 스크루 체결방식_진공흡착방식   Ⅲ. 체결 시스템 방식

- 체결면에 간섭 등이 있을 경우 파이프가 나사를 버큠으로 잡고 내려가기 때문에 체결에 탁월하다.
- 체결면에 단차가 있다 하더라도 단차 흡수가 체결유닛 자체로 가능하여, 별도 Z축 시스템을 사용하지 않아도 체결 스트로크 내에서는 사용 가능하다.
- 추력제어방식의 경우 하강 속도가 빠르며, 체결시 소프트터치로 인해 경사 체결 등, 볼트가 뜨는 것을 방지하며, 높이 검출도 0.2mm 이상(보통 0.5mm 이상 유효) 높이 검출이 가능하다.

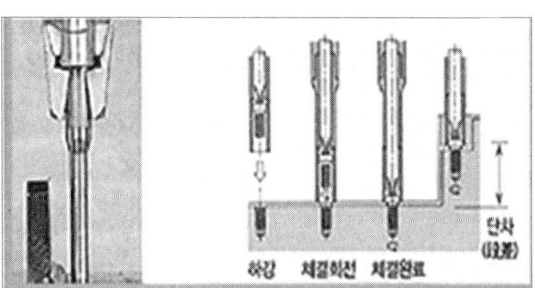

16. 스크루 피더 방식_디스크 피더　　　Ⅲ. 체결 시스템 방식

디스크 피더는 머리가 얇고 가는 나사이고, 스크루 Size가 M0.8~ M2.0(나사부길이 5mm 이하)에 적합하다

동작순서

① 바스켓에 스크루 채운다.
② 드럼휠이 회전하면서 휠턱에 스크루가 정렬되면서 회전한다.
③ 정렬된 스크루를 에어로 체결헤드로 압송한다.

17. 스크루 피더 방식_드럼 피더　　　Ⅲ. 체결 시스템 방식

드럼 피더는 스프링와셔, 평와셔가 붙어 있는 와셔 등과 스크루 Size가 M3 이하에 적합하다.

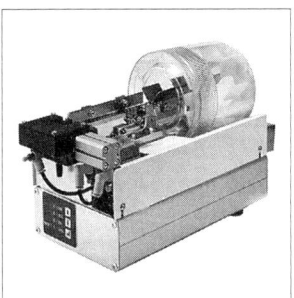

동작순서

① 드럼 바스켓에 스크루 채운다.
② 드럼 바스켓이 회전하면서 드럼 바스켓 가운데에 위치한 인라인 피더 가이드에 스크루가 안착한다.
③ 안착된 스크루는 앞으로 전진하면서 한 개씩 분류해서 에어 압송한다.

18. 스크루 피더 방식_호퍼 피더   III. 체결 시스템 방식

호퍼 피더는 공급신뢰성 양호하고 공급능력은 보통1회로 저장량이 양호하고, 설치스페이스는 보통이고, Maintenance도 보통이고, 복수 공급이 양호하며, 스크루 Size는 M2~M8, 적용 나사부 길이는 50mm까지 가능하다.

동작순서>

① 호퍼 바스켓에 스크루를 채운다

② 호퍼 바스켓에서 휠캠이 상하 회전하면서 스크루를 공급한다

③ 공급된 스크루는 인라인 피더를 통해서 앞으로 전진하면서 한 개씩 분류해서 에어 압송한다

19. 스크루 피더 방식_볼피더(파츠피더)   III. 체결 시스템 방식

볼피더는 나사뿐만 아니라 여러 부품을 공급하는 다목적 피더로 나사의 경우에는 머리직경보다 나사부가 짧을 경우에 적용하고 상대적으로 소음이 제일 크다.
업체별로 성능이 일정치 않으므로 별도로 리니어피더(인라인피더) 및 분배기를 제작하여 사용하여야 한다.

동작순서

① 호퍼 바스켓에 스크루를 채운다.

② 호퍼 피더 내 센서에 의해서 스크루가 부족할 경우 호퍼에서 자동으로 볼피더로 스크루를 공급한다.

③ 볼 피더에 공급된 스크루는 바깥으로 회전하면서 정렬되면서 인라인 피더로 전진한다.

20. 분배기(Escapement) 형식　　　Ⅲ. 체결 시스템 방식

분배기는 스크루의 형상에 따라서 주문 설계에 의한 생산방식이다.

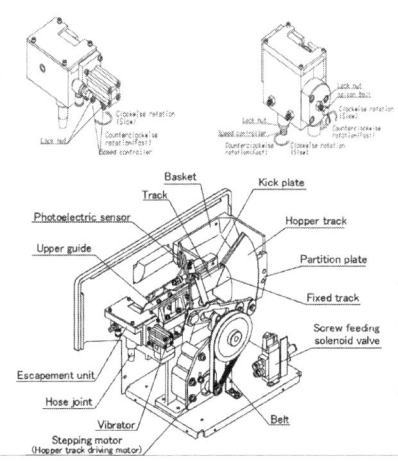

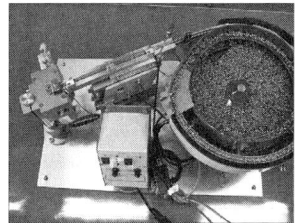

<동작순서>

① 인라인 피더를 통해 스크루를 공급한다.

② 스크루가 분류장치에 들어오면 한 개씩 분류하여 스크루를 하강시킨다.

③ 분리된 스크루는 에어로 스크루 체결 헤드로 압송시킨다.

21. 스크루 체결 시스템_다축 스크루 체결 유니트　　Ⅲ. 체결 시스템 방식

소품종, 대량생산에 적합하고 모델체인지 시간이 많이 소요되며 별도로 설치 스페이스가 필요하다.

22. 스크루 체결 시스템_공급기 탑재형 체결 유니트   Ⅲ. 체결 시스템 방식

머신 택 타임이 빠르고 코스트가 저렴하며 시스템의 구성이 간단하다. 반면 스크루 체결 헤드는 무겁고 이동스피드에 한계가 있다.

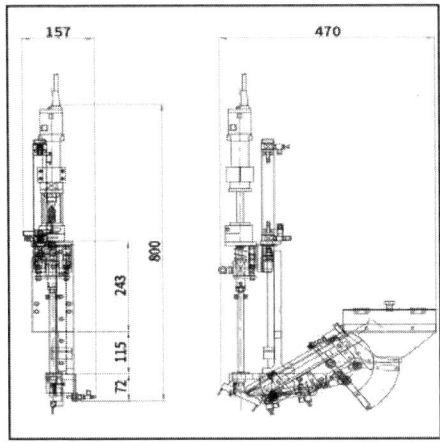

23. 스크루 체결 시스템_스크루 체결 전용 유니트   Ⅲ. 체결 시스템 방식

소품종 대량생산 적합하나 유연성이 부족하고 별도 설치 스페이스 필요하다.

24. 최적 체결시스템 방식 도출　　　　Ⅲ. 체결 시스템 방식

제품분석, 체결공정 분석 및 작업현장의 상황을 반영하여 최적의 체결시스템 방안을 도출한다.

	스크루 Size	체결방식	공급방식	분배방식	체결시스템
Head	M3.5 X 28mm	척조 방식	호퍼 피더 방식	스크루 끝단 방향으로 압송	단축시스템 탁상용
Cover	M3.5 X 13mm	척조 방식	호퍼 피더 방식	스크루 끝단 방향으로 압송	단축시스템 탁상용
내장 Micro	M3.5 X 11mm	진공흡착방식	호퍼 피더 방식	스크루 머리 방향으로 압송	단축시스템 탁상용
비 고	Cover, 내장 Micro 호칭경 통일화 필요	-	-	내장 Micro는 진공흡착방식	-

25. 탁상형 스크루 체결 로봇자동화의 개요　　Ⅳ. 최적 체결 시스템

리미트스위치의 크기가 작고 배치방식으로 생산함으로써 탁상형 시스템이 적합하다.

SR395DT Type 1 탁상로봇 시리즈

특징

- KX Driver (전용 체결드라이버)를 표준화 장착 시킴.
- 체결 토크 및 속도등 나사체결 기종마다 설정 가능.
- 엔코더 장착으로 정밀도 강화.
- 범용성 높은 PLC탑재.
- 토크데이터 통신 가능(USB, RS485,422 포트장착)
- 옵션으로 M4 screw 대응(2.5Nm가능)
  대응로봇 SR395DT Type-1 에어압송타입(FF503H feeder)
- PLC : Mitsubishi Electornics(FX3UC Type)
- 적용나사 : M3.5 x 28L (와셔) , M3.5 x 13L (와셔) ,머리직경동일조건
  체결토크 : 1.8 Nm
  척유닛은 원터치 방식으로 2개 제작하여 나사가 바뀔때만나 원터치로 빠르고 쉽게 교체합니다. 30초 이내로 교체 완료 합니다.

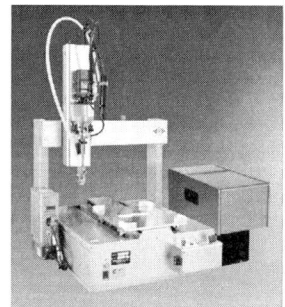

26. 탁상형 스크루 체결시스템 기본사양   Ⅳ. 최적 체결 시스템

탁상형 시스템 2축, 에어압송식 체결헤드, 스크루 피더, 콘트롤러로 구성된다.

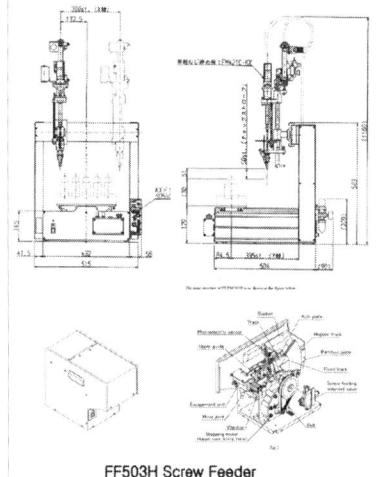

FF503H Screw Feeder

MODEL	SR395DT			
	Type-1	Type-2	Type-3 B	Type-3 D
제어축수	2축	3축	3축	
추력가변제어기능	無	有	無	有
나사공급방식	에어 압송식		픽업식	
적용 모터(Driver)	KX Driver(체결 전용 드라이버)			
체결스트로크	50mm		75mm	
나사보유방식	버큠파이프 흡착 방식(옵션:척조방식)			
불량검출기능	토크 불량(나사공전)			
	나사부족(나사공급기)			
	나사 뜸			
작동범위	X축:190mm Option: 290mm		X축:305mm	
	Y축: 335mm			
표준작업대길이(mm)	160(가로) X 160(세로)			
최대가반질량(Y축)	6kg			
최대속도	X축:600mm/sec			
	Y축:600mm/sec			
	-	Z축: 600mm/sec	Z축:600mm/sec	
위치반복정도	±0.01mm			
사용공급압력	0.49MPa (4.9bar)			
나사공급기	FF503H		DF200	FF310R
콘트롤러	RC755-T□			

27. 스크루 체결시스템 외형도_기본형   Ⅳ. 최적 체결 시스템

치구베이스에서 척조 높이는 181mm, 제품높이는 130mm, 체결높이는 126mm, 체결스 토로크는 50mm이다.

28. 스크루 체결시스템 외형도_Body & Head   Ⅳ. 최적 체결 시스템

스크루 체결시스템의 기본형에 Body&Head 안착치구를 반영한 외형도이다.

Body&Head 체결시스템
<정면도>

Body&Head 체결시스템
<측면도>

29. 스크루 체결시스템 외형도_Body & Cover   Ⅳ. 최적 체결 시스템

스크루 체결시스템의 기본형에 Body&Cover 안착치구를 반영한 외형도이다.

Body&Cover 체결시스템
<정면도>

Body&Cover 체결시스템
<측면도>

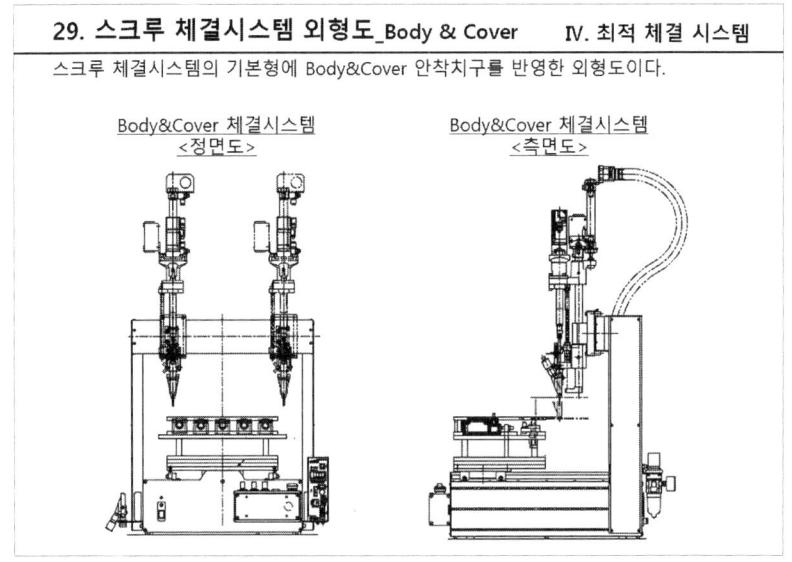

30. Body&Head 안착치구 외형도
IV. 최적 체결 시스템

안착치구 외형도는 안착용 치구에 제품을 Loading/Unloading 상태의 외형도 및 구성 부품명칭을 말한다.

<안착치구 측면도>
(제품누름 Cover 닫힘 상태)

<안착치구 측면도>
(제품누름 Cover 열림 상태)

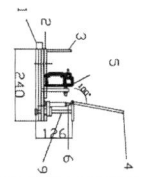

<안착치구 평면도>

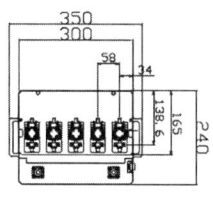

<안착치구 정면도>

<안착치구 부품명칭>

1. ROBOT 고정 BASE
2. 제품 JIG
3. COVER LOCK GUIDE
4. 제품 누름 COVER
5. 제품 감지 SENSOR
6. COVER DOWN SENSOR
7. JIG 착탈 손잡이
8. 상, 하 볼 부쉬
9. JIG 상, 하 고정 샤프트

31. Head 안착치구 동작순서
IV. 최적 체결 시스템

Head 안착치구의 동작순서를 도식화한 도면이다.

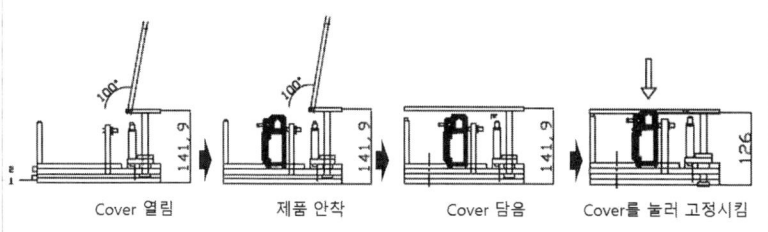

Cover 열림 → 제품 안착 → Cover 닫음 → Cover를 눌러 고정시킴

1. JIG의 COVER를 연다
2. 제품을 JIG의 홈에 제품을 삽입한다
3. 제품 삽입이 완료 후 COVER를 덮는다
4. COVER를 눌러 LOCKGUIDE 에 걸릴수 있도록 누른다
5. ROBOT 의 START S/W를 누른다

32. Head 안착치구 동작순서(이미지도) Ⅳ. 최적 체결 시스템

Head 안착치구의 동작순서를 도식화한 이미지이다.

<제품 삽입>

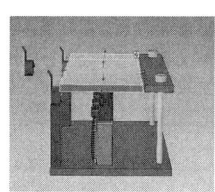
<Cover를 내린다>

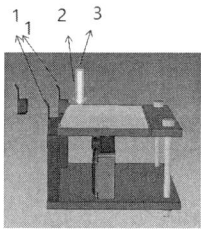
2.3번을 양손으로 누른다.

작업 완료 후는 1번을 바깥 방향으로 밀면 lock 이 해제 된다

33. 척조 방식 체결 유닛 체결 플로우 Ⅳ. 최적 체결 시스템

스크루 체결 플로우는 '스크루 공급→체결 유닛 하강 스크루 체결→스크루 체결 완료, 토크 업→체결 유닛상승'으로 이루어진다.

적용나사 : M5x12L 육각볼트

볼트공급(에어슈팅)

유닛하강 볼트체결
(Bolt Seated)

볼트체결 완료, 토크업
(Final Fastgening)

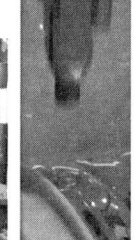
체결유닛 상승1

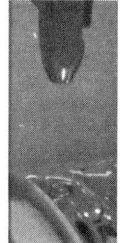
체결유닛 상승완료

34. 호퍼피더의 특징   Ⅳ. 최적 체결 시스템

진동에 의한 수평방향으로 강제로 이송하고, 나사를 순간적으로 에어로 압송시키고, 나사 손상이 적은 상하왕복식 호퍼피더이다.

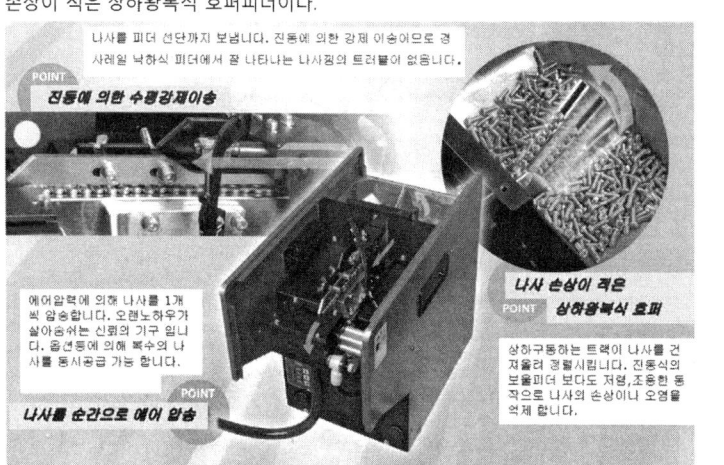

35. 제품안착치구 컨셉   Ⅳ. 최적 체결 시스템

제품 Body 5개를 치구에 안착시키고 상부에 가이드플레이트가 내려와서 제품 헤드를 안착시키는 구조이다.

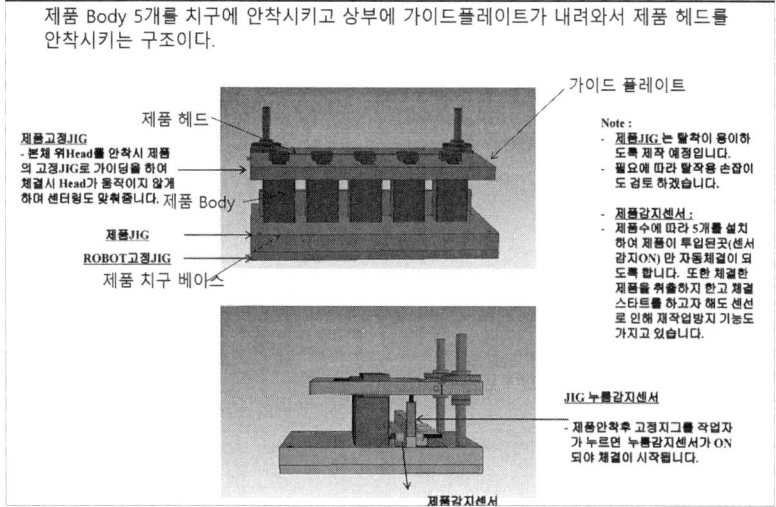

제4장_ 로봇자동화의 실제 사례를 알아보다 • 215

36. 제품안착치구의 컨셉   Ⅳ. 최적 체결 시스템

작업완료 후 앞쪽 Lock을 해제하면 샤프트의 스프링에 의해 상판이 위로 올라가고 Cover를 들어 올린 후에 제품을 취출한다.

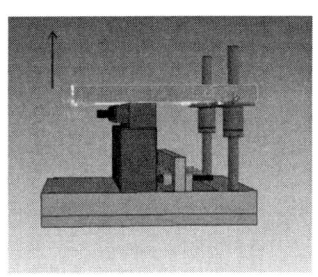
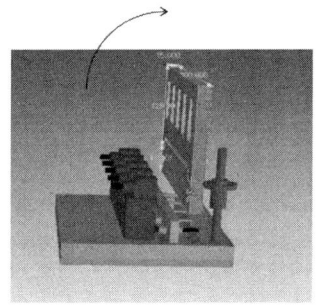

37. 제품안착치구의 컨셉   Ⅳ. 최적 체결 시스템

제품이 안착된 상태의 투시도이다.

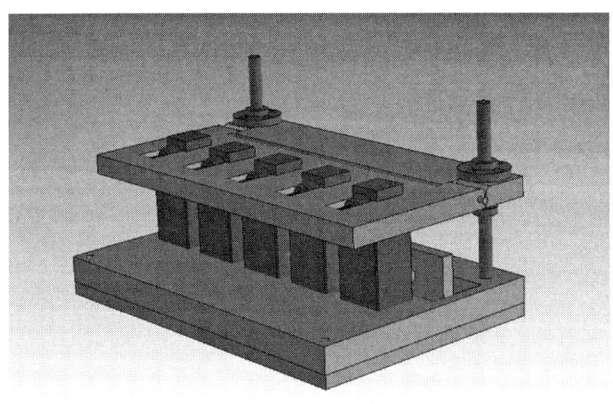

38. 제품설계에서의 개선해야 할 사항-1   Ⅳ. 최적 체결 시스템

설비 투자 금액 및 설비대수의 감소, 설비 가동률의 향상을 위해 제품설계를 개선해야 한다.

1. 스크루 표준화

Head Screw 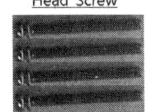 M3.5 x 28 ℓ

내장마이크로 Screw  M3 x 11 ℓ

Cover Screw   M4 x 13 ℓ

■ Cover Screw : M4x13ℓ

M4x13ℓ 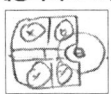 ➡ M3.5x13ℓ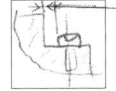

※ ℓ → ℓ' 로 변경
- 나사형태를 개선함(나사 뎁부 변경) :
  하기 ℓ 길이를 짧게 함

2. 내장마이크로 설계 변경

➡ 1.5mm 이상

---

39. 제품설계에서의 개선해야 할 사항-2   Ⅳ. 최적 체결 시스템

Body&Cover 스크루를 M4x13→M3.5x13 개선해야 이유는 스크루 체결시, "O-ring"을 누르면서 가이드턱(2~3mm) 으로 전체 제품 가이드하므로 설계 개선해도 강도상에는 문제가 없다.

Body&Cover 체결 단면도

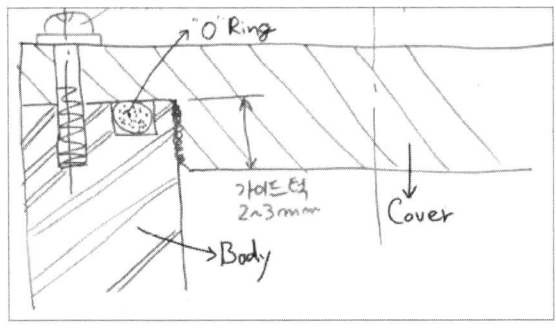

40. 제품설계에서의 개선해야 할 사항-3   Ⅳ. 최적 체결 시스템

와셔 미나사부 길이를 짧게 한다 : 호퍼부 홈에 나사부가 안착하기 용이하게 하기 위해 한다.(와셔 간섭하지 않게끔)

41. 스크루 체결기의 세부 Unit별 투자금액   Ⅴ. 예상 투자 효과

Head, Body, Cover만으로 스크루 체결시에는 39.9백만원, 내장마이크로 스크루 체결 포함시에는 총 75.5백만원 투자가 예상된다.

세부 Unit별 투자금액

(단위: 원)

세부 Unit	금 액	비 고
Feed Ass'y	6,215,000	Head,Body& Cover
Servo Drive	4,350,500	"
체결헤드유니트 & 콘트롤러	14,916,000	"
탁상로봇	8,203,800	"
티칭 펜던트	1,864,500	"
원터치 처크 유니트	2,734,600	"
안착치구	1,615,900	"
소계	39,900,300	
홉착체결시스템	35,549,800	내장마이크로
총계	75,450,100	

42. 스크루 체결시간_Head,Cover,내장Micro 자동화 시   V. 예상 투자 효과

스크루 체결시간 초기 Target은 3.3초/개, 최종 Target은 3.0초/개이다.

총체결시간					초기 Target (3.3초/개)	최종 Target (3.0초/개)
내장마이크로 공수시간(테스트 수량: 90ea)						
NO	작업자	공 수	스크루수	총체결시간		
1		3.1Sec				
2		3.2Sec				
3		4.8Sec				
평균		3.7	3	11.1	9.9초	9초
커버 볼트 공수 시간(105ea)						
NO	작업자	공 수	스크루수			
1		3.3Sec				
2		3.6Sec				
3		4.5Sec				
평균		3.8	3	11.4	9.9초	9초
헤드 볼트 공수 시간(120ea)						
NO	작업자	공 수	스크루수			
1		4.3Sec				
2		3.8Sec				
3		5.6Sec				
평균		4.6	4	18.3	13.2초	12초
계				40.8초	36.4초	30.0초

43. 스크루 체결시간_Head,Cover 자동화 시   V. 예상 투자 효과

스크루 체결시간 초기 Target은 3.3초/개, 최종 Target은 3.0초/개 이다.

총체결시간					초기 Target (3.3초/개)	최종 Target (3.0초/개)
내장마이크로 공수시간(테스트 수량: 90ea)						
NO	작업자	공 수	스크루수	총체결시간		
1		3.1Sec				
2		3.2Sec				
3		4.8Sec				
평균		3.7	3	11.1	-	-
커버 볼트 공수 시간(105ea)						
NO	작업자	공 수	스크루수			
1		3.3Sec				
2		3.6Sec				
3		4.5Sec				
평균		3.8	3	11.4	9.9초	9초
헤드 볼트 공수 시간(120ea)						
NO	작업자	공 수	스크루수			
1		4.3Sec				
2		3.8Sec				
3		5.6Sec				
평균		4.6	4	18.3	13.2초	12초
계				29.7초	23.1초	21.0초

44. 예상투자효과_Head,Cover,내장Micro 자동화 시   V. 예상 투자 효과

스크루 체결시간이 10.3초로 단축되어 25.6% 개선효과가 있으나, 1일 전체 생산량 기준으로는 000개/1인, 1일 → 000개/1인, 1일로 7.4% 향상된 것으로 나타났다.

〈000 제조시간(수작업시)〉

공정	제조시간 일반작업	스크루체결	계	비고
Head Ass'y	5.5	-	5.5	*외주
Cover Ass'y	-	-	0.0	*외주
Lever Ass'y	-	-	0.0	
Body Ass'y	9.5	-	9.5	
조립/완제품	16.0	-	16.0	
기타	조립준비	-	0.0	
	중간검사	-	0.0	
	최종검사	-	0.0	
	스티커	-	0.0	
	제품포장	-	0.0	
	소 계	-	0.0	
계	21.0	-	31.0	
계 (+Loss율 30%)	0.0	40.3	40.3	

* Lever Ass'y 체결시간(11.2초): 일반작업에 포함

〈000 제조시간(Head,cover,내장 Micro자동화시)〉

공정	제조시간 일반작업	스크루체결	계	비고
Head Ass'y	-	-	0.0	*외주
Cover Ass'y	-	-	0.0	*외주
Lever Ass'y	-	-	0.0	
Body Ass'y	9.0	-	9.0	
조립/완제품	21.0	-	21.0	
기타	조립준비	-	0.0	
	중간검사	-	0.0	
	최종검사	-	0.0	
	스티커	-	0.0	
	제품포장	-	0.0	
	소 계	-	0.0	
계	-	-	30.0	
계 (+Loss율 30%)	0.0	30.0	30.0	

* Lever Ass'y 체결시간(11.2초): 일반작업에 포함

스크루체결시간 (Head+Cover+내장) : 40.3초   스크루체결시간 (Head+Cover+내장) : 30초 (25.6% 개선)
1인당 생산량/일   : 164개   1인당 생산량/일   :174개 (6.0% 향상)

* 1일 작업시간(8시간 기준) : 28,800초/1일

---

45. 예상투자효과_Head,Cover 자동화 시   V. 예상 투자 효과

스크루 체결시간이 7.0초 단축되어 25% 개선효과가 있으나, 1일 전체 생산량 기준으로는 000개/1인,1일 → 000개/1인,1일로 4.1% 향상된 것으로 나타났다.

〈000 제조시간(수작업시)〉

공정	제조시간 일반작업	스크루체결	계	비고
Head Ass'y	5.5	-	5.5	*외주
Cover Ass'y	-	-	0.0	*외주
Lever Ass'y	-	-	0.0	
Body Ass'y	-	-	0.0	
조립/완제품	16.0	-	16.0	
기타	조립준비	-	0.0	
	중간검사	-	0.0	
	최종검사	-	0.0	
	스티커	-	0.0	
	제품포장	-	0.0	
	소 계	-	0.0	
계	0.0	21.5	21.5	
계 (+Loss율 30%)		28.0	28.0	

* Lever Ass'y ,내장Micro 체결시간(11.2+9.5초): 일반작업에 포함

〈000 제조시간(Head,cover 자동화시)〉

공정	제조시간 일반작업	스크루체결	계	비고
Head Ass'y	0.0	-	0.0	*외주
Cover Ass'y	-	-	0.0	*외주
Lever Ass'y	-	-	0.0	
Body Ass'y	-	-	0.0	
조립/완제품	21.0	-	21.0	
기타	조립준비	-	0.0	
	중간검사	-	0.0	
	최종검사	-	0.0	
	스티커	-	0.0	
	제품포장	-	0.0	
	소 계	-	0.0	
계	0.0	21.0	21.0	
계 (+Loss율 30%)		21.0	21.0	

* Lever Ass'y ,내장Micro 체결시간(11.2+9.5초): 일반작업에 포함

스크루체결시간 (Head + Cover)   28초   스크루체결시간 (Head + Cover)   21초 (25% 개선)
1인당 생산량/일   164개   1인당 생산량/일   171개 (4.3% 향상)

* 1일 작업시간(8시간 기준) : 28,800초/1일

46. 예상 투자효과   V. 예상 투자 효과

Head, Cover&내장 마이크로 총 체결시간이 전체 제조시간의 23%에 불과하여, 실질적인 생산성의 향상 효과를 보기 위해서는 전체 작업에 대한 개선 활동이 동시에 이루어져야 한다.

구 분	항 목	개선전	개선후	개선율
Head + Cover + 내장 Micro 자동화	스크루 체결 시간	40.3초		
	총 제조 Cycle Time	175.4초		
	1인당 생산량/1일	164개		
	인원 감소 효과	-		
Head + Cover 자동화	스크루 체결 시간	28.0초		
	총 제조 Cycle Time	175.4초		
	1인당 생산량/1일	164개		
	인원 감소 효과	-		

47. 스크루체결기 설치 경과별 체결시간   V. 예상 투자 효과

최종으로 체결 Target 시간에 도달하려면 최소 6개월 소요 예상된다.

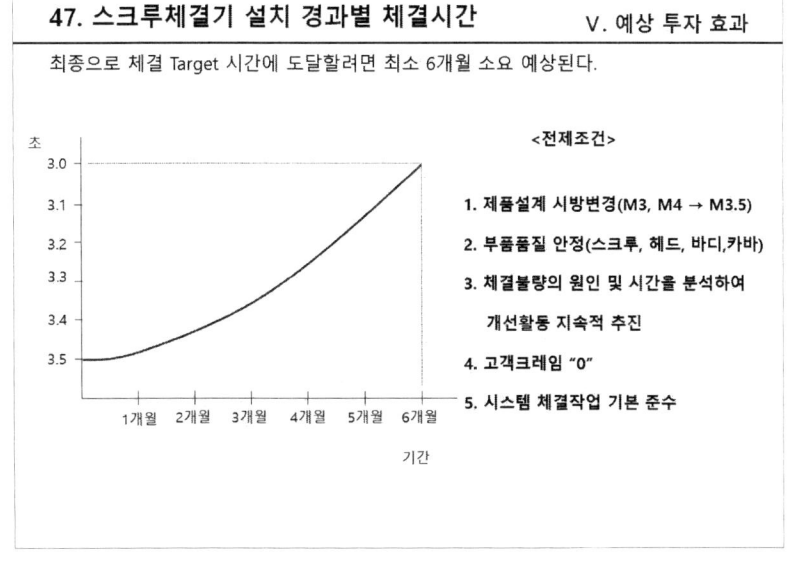

<전제조건>
1. 제품설계 시방변경(M3, M4 → M3.5)
2. 부품품질 안정(스크루, 헤드, 바디,카바)
3. 체결불량의 원인 및 시간을 분석하여 개선활동 지속적 추진
4. 고객크레임 "0"
5. 시스템 체결작업 기본 준수

48. 정량적 성과　　　　　　　　　　　　　　VI. 컨설팅 성과

분야(KPI)	단위	컨설팅전	목표	컨설팅후	개선률(%)	달성률(%)
제조 C/T (스크루 체결시간)	초		37.6	30.0		215%
납기준수율	%		97	97		100%
1인당생산량 /1일	개		186	174		-50%
스크루체결 불량률	%		5	1		140%
3정5S 개선사례	건		10	10		100%

49. 정성적 성과　　　　　　　　　　　　　　VI. 컨설팅 성과

구 분	개선 전	개선 후
작업자 육체적 부담 감소	- 에어드라이브의 진동으로 어깨 결림, 손 목인대 부담작업자가 왼손으로 제품을 잡고 우측손으로 에어드라이브로 체결 하기 때문에 작업의 어려움이 있다.	- Servo 드라이브 및 자동체결로 어깨 및 손목 부담 없다. - 제품을 가이드 및 위치결정 치구를 사용하여 자동 체결함으로 작업 용이하다.
작업환경 개선	- 에어드라이브로 스크루 체결 함으로 소음이 심하다. - 에어로 구동하기 때문에 외부 공기의 먼지가 나와 환경이 나쁘다.	- 서보 드라이브를 사용함으로써 소음이 아주 적다. - 에어를 사용하지 않고 전기를 사용함으로 외부 공기의 유입이 없다.
품질 안정	- 왼손으로 제품을 잡고 오른손으로 스크루 체결 시 위치가 틀어져서 체결이 안 된다. - 에어드라이브 체결시 체결 토크 관리가 되지 않아 빠가 현상이 발생한다.	- 스크루 체결 시스템을 사용함으로써 체결 불량이 감소한다. - 스크루체결시스템의 토크관리로 체결 품질이 안정된다.

일본 로봇자동화의 사례를 설명하다

일본 산업용 로봇업체들은 인공지능(AI)의 기술을 산업용 로봇에 적극 채택하고 있다.

일간공업신문에 따르면 화낙社는 인공지능(AI)과 IoT(사물의 인터넷) 기술을 적용한 아무렇게나 흩어져 있는 부품 더미에서 특정 부품을 집을 수 있는 피킹 시스템을 개발할 계획이다. 미쓰비시전기社도 AI 로봇을 이용해 산업용 로봇의 유지보수를 예방 차원에서 효율화할 수 있는 기능을 개발해 제공할 계획이다. 가와사키중공업社 역시 AI를 활용해 숙련 작업을 자동화할 수 있는 로봇시스템을 개발했다. AI를 통해 로봇을 보다 쉽게 다룰 수 있도록 적용 범위를 넓히기로 했다.

산업용 제조 분야에서는 첨단 로봇으로 단순작업이나 가혹한 환경 작업으로부터 해방되고, 생산 라인의 유연성 향상 등 노동 환경의 개선이나 생산성의 향상을 목표하는 업체에 대해서는 자동화시스템의 구축과 관련된 투자비용의 일부를 보조하고 있다.

일본 로봇의 적용 기술 사례

로봇 도입의 실증 사업

제조 분야나 서비스 분야에서 첨단 로봇 활용으로 인해, 단순 작업이나 혹한작업환경으로부터 해방된다. 생산 라인의 유연성 향상 등 노동 환경의 개선이나 생산성 향상을 목표하는 제조업체들에게 로봇 등의 설비 도입, 라인 구축과 관련된 시스템 통합 등에 필요한 비용의 일부를 보조합니다.
[보조율]
중소기업 : 2/3 이내
대기업 : 1/2 이내
[상한액] 1억엔

로봇 실증 비용의 보조

로봇 도입 FS 사업

제조 분야나 서비스 분야에서 로봇 활용이 진전되지 않는 제조업체들에게 로봇 활용의 노하우나 이점을 알리기 위해, 업무 분석의 실시 및 로봇의 도입에 의한 비용 대비 효과의 산출 등 실현 가능성 조사(FS 조사)에 필요한 비용의 일부를 보조합니다.
[보조율]
중소기업 : 2/3 이내
대기업 : 1/2 이내
[상한액] 500만엔

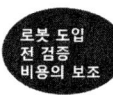
로봇 도입 전 검증 비용의 보조

【참고 문헌】 로봇 도입 실증 사업 사례 소개 핸드북 2016, 경제산업성 1개사) 일본로봇공업회

〈일본 로봇의 적용 사례의 목차〉

사례 1_ 남부철기社 주전자의 생산성 향상
사례 2_ 로봇 탑재의 무인 반송차에 의한 자동화
사례 3_ 로봇과 숙련 직공에 의한 융합
사례 4_ 로봇 도입에 의한 기어 가공의 작업 환경 개선
사례 5_ 로봇 채용에 의한 공정 수의 대폭적인 삭감과 생산성 향상
사례 6_ 스프로켓 허브 자동 조립 시스템의 도입
사례 7_ 산업용 칼날 소재 가공 공정에 있어서 무인 가동화
사례 8_ 항공기용 와이어 하네스 제조를 위한 와이어 하네스 디릴러의 도입
사례 9_ 프레스 공정의 배출 공정 자동화
사례 10_ 측정 공정까지 로봇 도입에 의한 생산성 향상
사례 11_ 차량 탑재용 안전장치 부품의 트레이 이송 및 정렬 공정
사례 12_ 안구내 렌즈의 검사 공정 로봇화

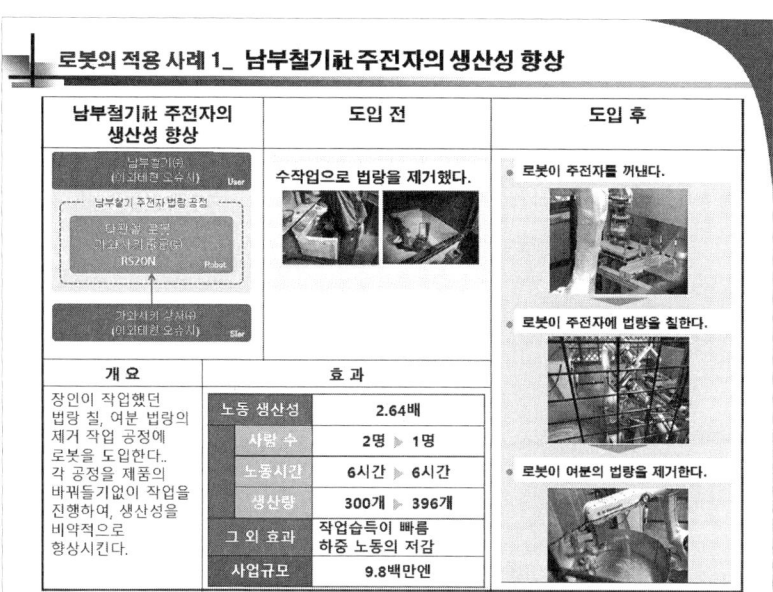

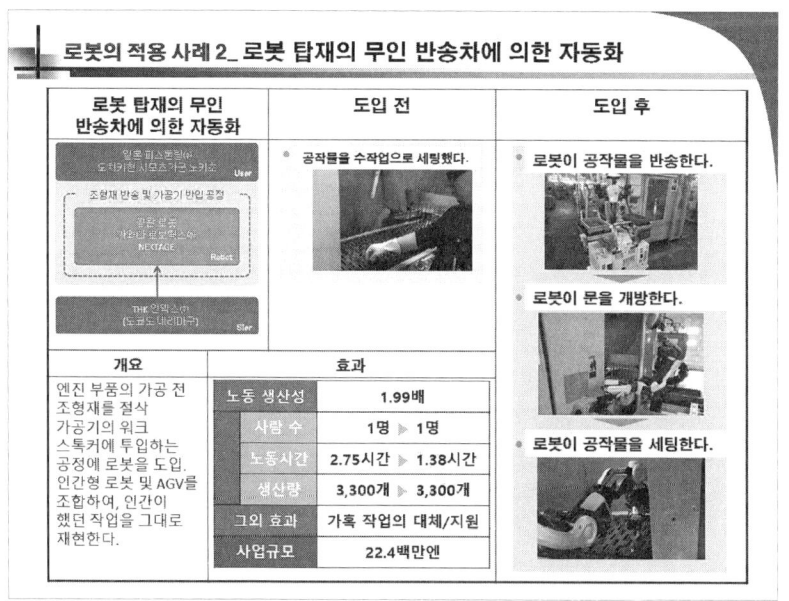

제4장_ 로봇자동화의 실제 사례를 알아보다 · 225

로봇의 적용 사례 3_ 로봇과 숙련 직공에 의한 융합

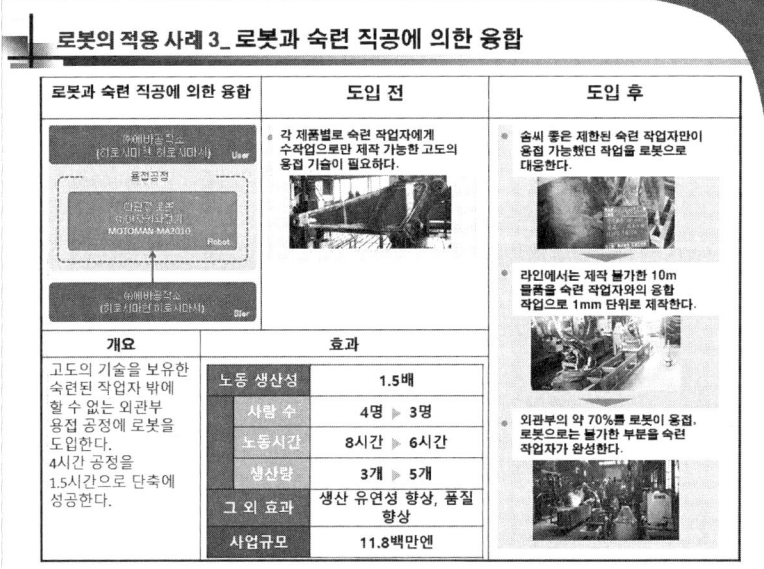

로봇의 적용 사례 4_ 로봇 도입에 의한 기어 가공의 작업 환경 개선

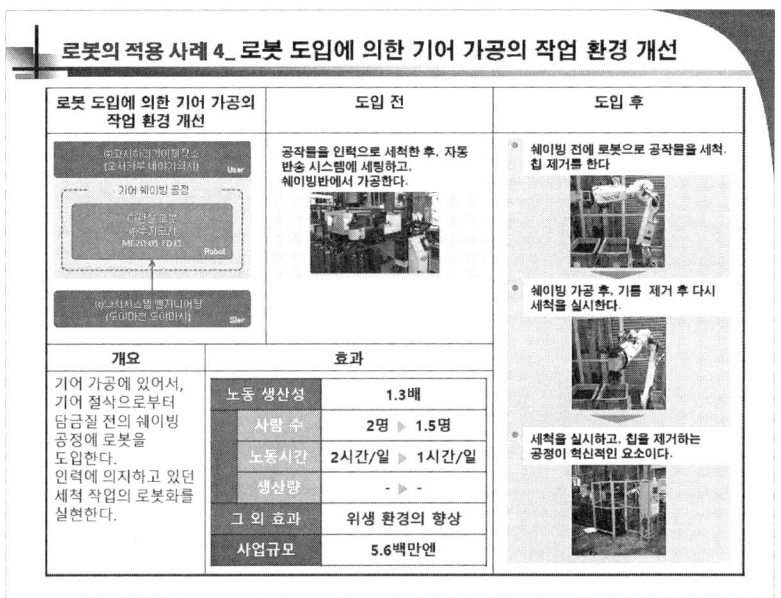

로봇의 적용 사례 5_ 로봇 채용에 의한 공정 수의 대폭적인 삭감과 생산성 향상

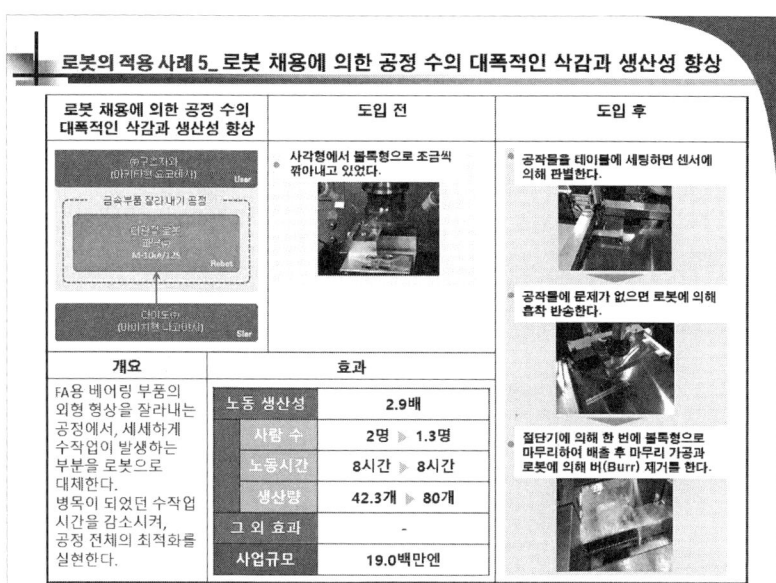

로봇의 적용 사례 6_ 스프로켓 허브 자동 조립 시스템의 도입

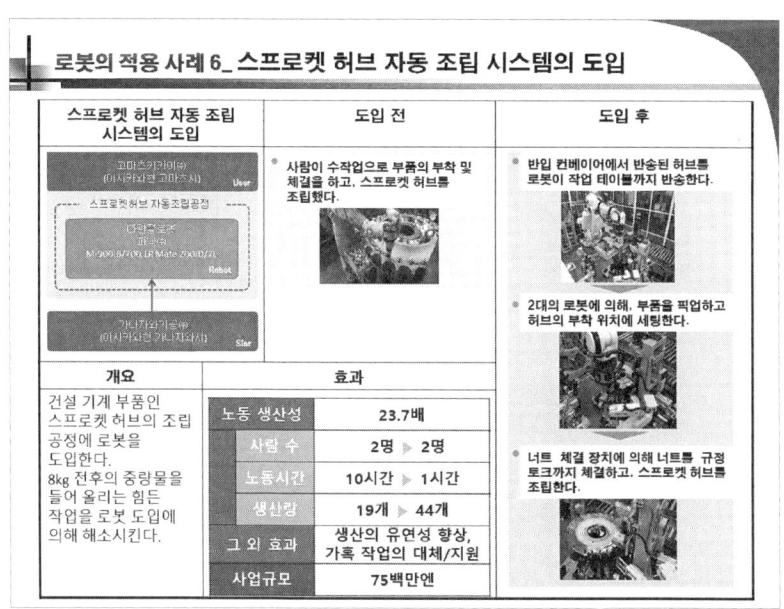

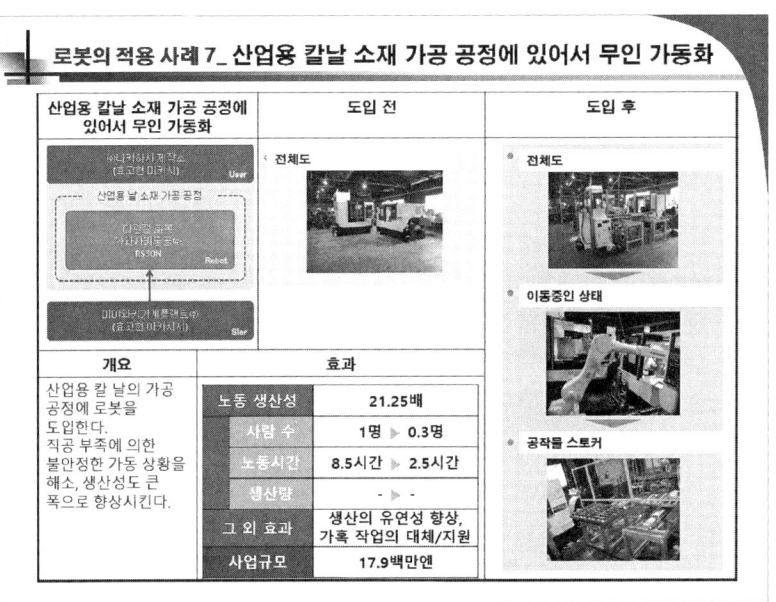

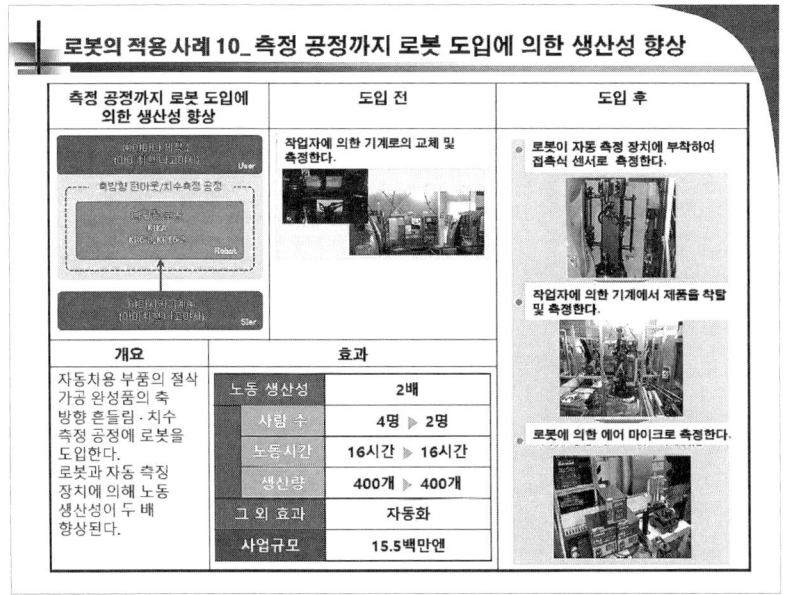

제4장_ 로봇자동화의 실제 사례를 알아보다 • 229

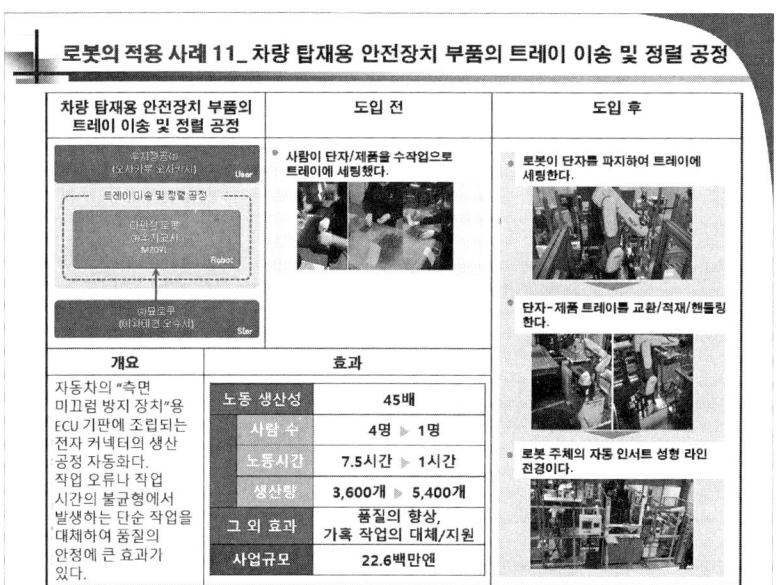

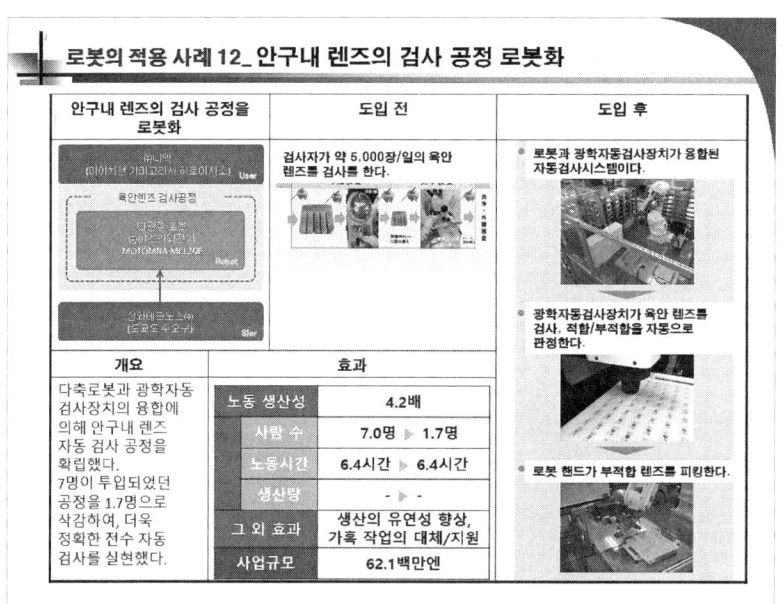

STACO Co., Ltd.
주식회사 스타코
COMPANY PROFILE

Strong & Smart Company

会社槪要

"Strong & Smart Company"

주식회사 스타코

"안되는 이유보다 될 수 있는 방법을 생각하자"

회사명	주식회사 스타코
대표이사	변 상 돈
자본금	10.1억원
설립연도	1982년 11월
임직원수	53명
사업내용	제품 개발 및 제작
	☞ 3D Printing 제품생산
	☞ 각종 Stainless Steel Chamber 제작
	☞ 각종 Aluminum Chamber 제작
	☞ 각종 산업기계 (대형) 가공,제작
	☞ 정밀 가공품 생산
	☞ 산업자동화설비 설계,제작
소재지	안산 사업장 - 경기도 안산시 단원구 동산로 27번길 28
	인천 1사업장 - 인천 남동구 청능대로 406(고잔동) 96BL 17L
	인천 2사업장 - 인천 남동구 남동동로 138번길 100(고잔동) 101BL 21L
대표전화	Tel. 031-503-0073 / Fax. 031-503-2003 홈페이지 http://www.staco.kr
이메일	staco5595@bill36524.com
취인은행	IBK기업은행 남동중앙지점

대표이사 인사말

안녕하십니까!
㈜스타코는 1982년 11월 창립하여 고객이 신뢰할 수 있는 최고의 기업을 꿈꾸는 회사로서 각종 LCD, PECVD, SOLAR CELL, AMOLED Chamber 등 초대형 정밀가공 및 제작전문 기업이며, 엄격한 품질인증 규격 및 절차에 따라 고객이 인정 할 수 있는 최고의 제품을 생산하고 있습니다.

당사는 신규장비 도입을 바탕으로 최고의 기술력과 안정적인 생산을 비롯해 납기일 단축 및 최고의 품질로 고객만족을 최우선으로 하는 회사입니다.

새롭게 시작하는 ㈜스타코는 국내에서 최고의 기업으로 성장하여 해외에서도 인정받는 초대형 정밀가공 전문 기업이 되기 위해 늘 한결같은 마음으로 성실하게 성장해 나갈 것 입니다.

㈜스타코는 "늘 고객을 위하는 회사", "최고의 기술력을 보유한 회사", "인성을 기본으로 하는 회사 " 라는 기업이념을 바탕으로 고객만족을 위해 언제나 최선을 다할 것을 고객 여러분께 약속 드립니다.

대표이사 변상동

주요 사업분야

AL Chamber / STS Chamber / 산업기계 / 정밀가공 / 산업자동화설비

회사연혁

- 2010.10 ㈜스타코 법인 설립
- 2011.07 제관사업부 증설
- 2012.10 ISO9001:2008 인증 획득
- 2013.07 벤처기업 등록
- 2014.12 금강산업기계 흡수 합병(통합법인 ㈜스타코)
- 2016.07 연구개발전담부서 인정
- 2017.12 INNO-BIZ 인증 획득
- 2018.03 ISO9001:2015 인증 획득
- 2018.03 ISO14001:2015 인증 획득
- 2018.10 안산공장 증설 완공
- 2018.12 유상 증자
- 2019.01 안산 2공장 부지 매입(5290평)
- 2019.01 STACO MES 프로그램 도입
- 2019.03 Metal 3D Print M2 Cusing 도입

- 1993.06 남동공단 부지매입(750평)
- 1994.03 남동공단 공장신축 이전(330평)
- 1997.07 일본 AUTO MAX社 자동차 시험설비 제작 납품
- 1997.10 G7 프로젝트(국산초고속열차 개발 사업) 참여
- 1998.03 경부고속전철 프로젝트 참여

1980 · 1990 · 2000 · 2010 · 2020

- 1982.11 금강연마기계공사 설립
- 1987.03 금강산업기계 회사명 개칭

- 2004.02 TFT-LCD AL Chamber 개발
- 2004.04 TFT-LCD 검사장비 가공 납품
- 2007.09 ISO9001:2000 인증 획득
- 2008.01 태양광 Chamber 개발
- 2009.09 GaN LED Chamber 개발

- 2020.03 기업부설연구소 설립
- 2020.05 AS9100D
  항공우주 및 방산 품질경영 인증

조직도

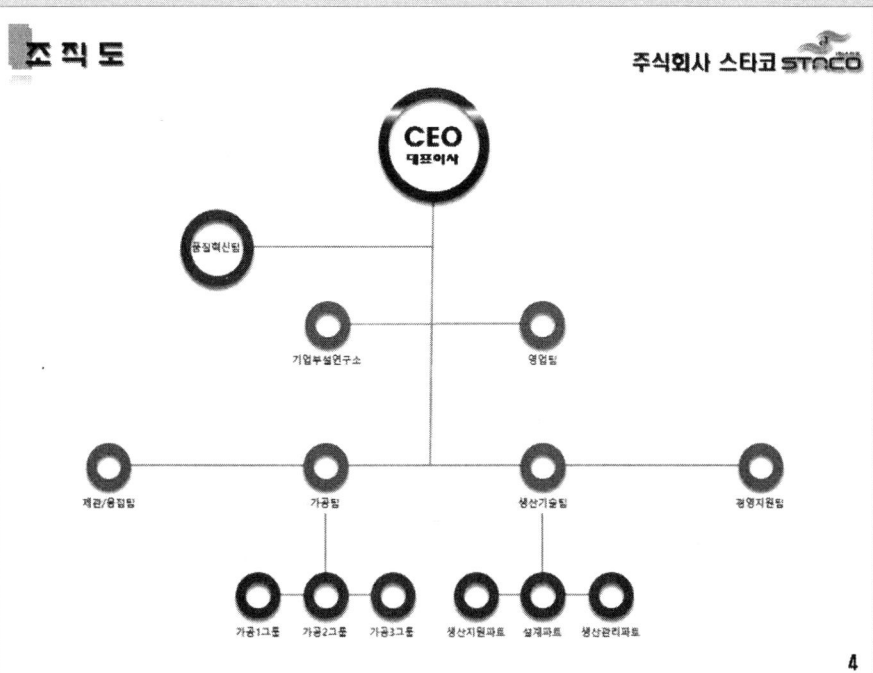

주요 사업분야

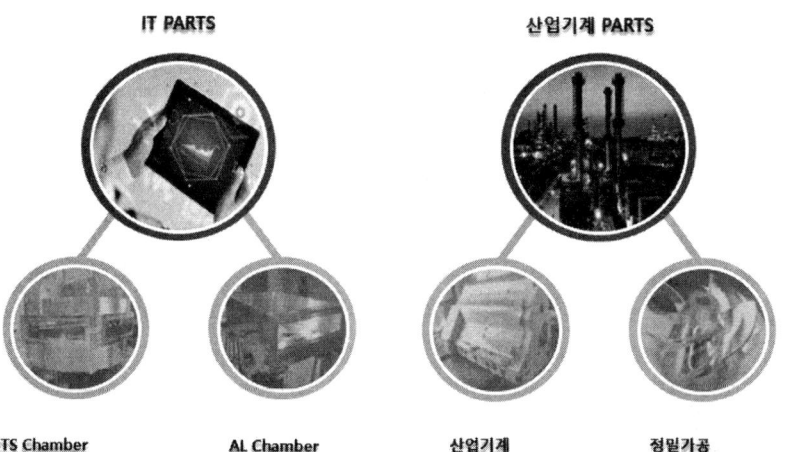

STS Chamber
- OLED Transfer Vacuum Chamber
- OLED Process Vacuum Chamber
- LCD Transfer Vacuum Chamber
- LCD Process Vacuum Chamber
- Levitation Frame Weldment

AL Chamber
- OLED Chamber
- LCD Chamber
- Solar Cell Chamber
- Semiconductor Chamber

산업기계
- BED
- Slide Table
- Mud Pump Frame
- 발전설비

정밀가공
- 자동차 금형
- 이중강관 초대형 금형
- 임펠러(Impeller)

주요 사업분야

산업자동화PARTS

PCB Palletizing

Screw 체결기

PCB 기판 이재장치

부품 조립장치

기판 Cutting장치
(Vision System적용)

사출부품 Insert장치
(다관절로봇적용)

태양광 Panel 조립장치

주요 사업분야

산업자동화PARTS

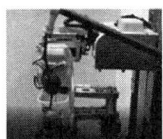

방울토마토 채취기

이형물 이재장치

과일 채취 Gripper

CNC소재공급장치

Thread Lifting 제
조설비(의료,미용)

Box Palletizing장치

자동차용 Lamp제조설비

CCFL Baking장치

234

주요생산품목 – IT PARTS

주식회사 스타코 STACO

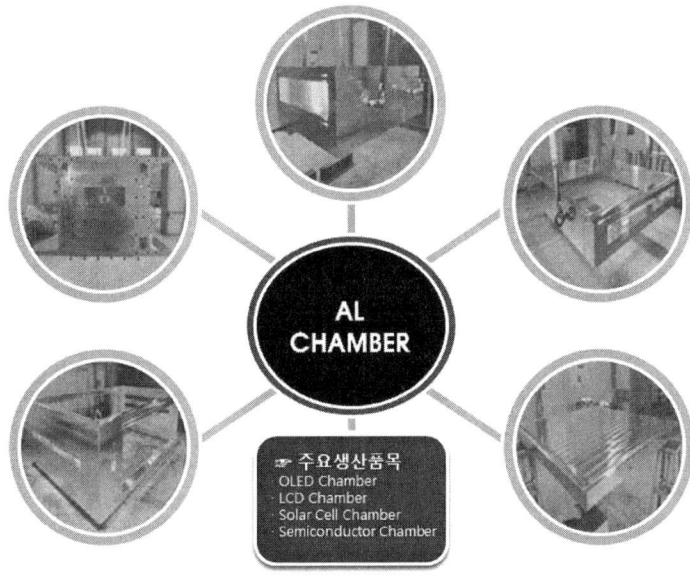

AL CHAMBER

☞ 주요생산품목
- OLED Chamber
- LCD Chamber
- Solar Cell Chamber
- Semiconductor Chamber

IT PARTS – 공정FLOW (AL CHAMBER)

주식회사 스타코 STACO

01. 소재입고
02. 황삭가공
03. 중삭가공
04. 정삭가공

05. 1차사상
06. 1차세정
07. 1차검사
08. 2차사상

09. 3차사상
10. 2차세정
11. 최종검사
12. 포장 및 출하

주요생산품목 - IT PARTS

주식회사 스타코 STACO

주요생산품목
- OLED Transfer Vacuum Chamber
- OLED Process Vacuum Chamber
- LCD Transfer Vacuum Chamber
- LCD Process Vacuum Chamber
- Levitation Frame Weldment

IT PARTS - 공정FLOW (STS CHAMBER)

주식회사 스타코 STACO

01. 소재입고

02. 개선가공

03. 1차제관/용접

04. 1차가공

05. 1.5차제관/용접

06. 1.5차가공

07. 2차제관/용접

08. 교정 및 용접검사

09. 2차가공

10. 사상 및 탈지

11. 출하검사

12. 포장 및 출하

제조설비 현황

주식회사 스타코 STACO

오면가공기 : 12대

36호기
(Y : 3,600)
1대

36호기
(Y : 3,600)
1대

40호기
(Y : 4,000)
4대

41호기
(Y : 4,100)
3대

50호기
(Y : 5,000)
3대

보링기 : 5대

HITRAX-3500
(Y : 3,500)
1대

BF-130
(Y : 3,500/Y : 4,000)
2대

VF-150
(Y : 4,000)
1대

MX7
(Y : 4,000)
1대

제조설비 현황 - M2 Cusing

주식회사 스타코 STACO

M2 Cusing 외관

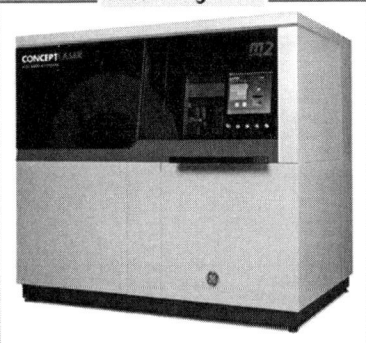

M2 Cusing 사양

1. **Laser Power**
   - Fibre laser 400 W
2. **Build Volume**
   - 250 x 250 x 280㎜ (X, Y, Z)
3. **Materials Available**
   - CL 20ES Stainless steel (316L/1.4404)
   - CL 31AL Aluminum alloy (AlSi10Mg)
   - CL 35AL* Aluminum alloy (AlSi7Mg/F357)
   - CL 41Ti ELI Titanium alloy (TiAl64V ELI)
   - CL 42Ti Pure Titanium Grade 2
   - CL 50WS Maraging steel (MS300/1.2709)
   - CL 91RW Corrosion resistant precipitation hardening steel
   - CL 92PH Precipitation hardening stainless steel (17-4 PH)
   - CL 100NB Nickel-based alloy (Alloy 718)
   - CL 101NB Nickel-based alloy (Alloy 625)
   - CL 110CO* Cobalt-chromium alloy (F75)
4. **Output Method**
   - PBF(Powder Bed Fusion) : 분말 금속층 융합 방식
   - DMLM(Direct Metal Laser Melting) : 직접 금속 레이저 융융 방식

주식회사 스타코_ 소개 · 237

프린팅 서비스 품목 -M2 Cusing

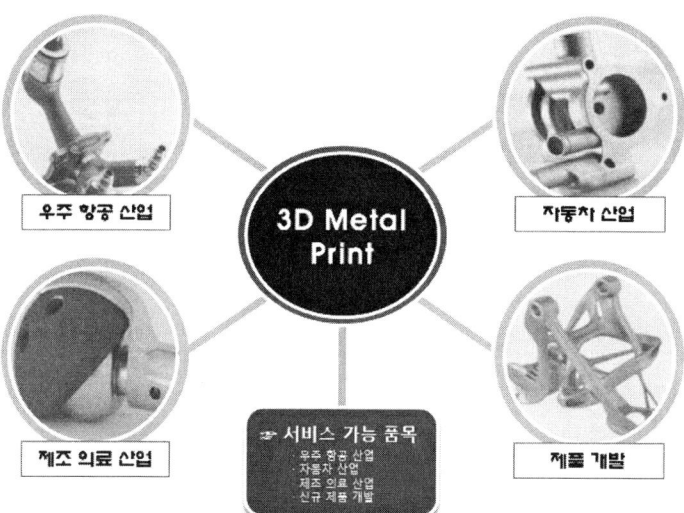

프린팅 서비스 공정 - M2 Cusing

01. 3D 모델링

02. 시뮬레이션

03. 3D 프린팅

04. 후처리

05. 품질관리

프린팅 서비스 공정 - M2 Cusing

01. 3D 모델링
3D프린팅만의 고유한 강점인 부품 통합, 경량화, 격자구조 적용 등 기존 가공으로는 제조가 불가능했던 사항을 개선할 수 있는 디자인을 적용·설계.
설계 단계에서 대량생산을 고려한 다각적 설계 및 엔지니어링을 제공.

02. 시뮬레이션
3D 모델링 작업 후 본 부품이 실제 적용시에 문제가 없는지 시뮬레이션을 실행.
시뮬레이션을 통해 왜곡 경향, 최종 잔류 응력 및 빌드 전체의 최대 응력 구성 요소를 검토 진행.
시각화를 통해 최상의 적층 방향과 전략을 선택하여 부품 특성 파악하여 제작.

03. 3D 프린팅
3D프린팅은 복잡한 형상의 금속 부품을 제조하기 위한 최적의 기술.
레이저를 사용하여 연속적인 금속 분말 층을 소결하며 분말이 녹을 때까지 레이저가 분말 입자를 가열.
그 후, 용융 된 층 위에 분말 층을 추가 도포하고 녹이는 과정을 반복하여 제품 제작.

04. 후처리
3D프린팅 직후의 제품은 기계적 특성을 향상시키기 위한 후처리가 필수 요소로 진행 됨.
고객의 니즈에 맞추어 열처리로 내부 응력 제거, 고압처리로 부품의 밀도 증가, 정밀 공차를 맞추기 위한 추가 기계가공 등 여러 가지 방안의 후처리 방식으로 고객이 희망하는 완성도의 제품을 제작.

05. 품질관리
파우더 품질관리, 프린팅 실시간 모니터링, 내/외부 표면 및 3D CT 장비를 이용한 결함 판독 및 치수 측정까지 전 공정별 엄선된 품질관리로 최상의 제품을 제공.

제조설비 리스트 - 안산사업장

▶ 오면가공기 : HPM30L (40호기) - 4대

설비사양		
X Stroke	(10)8,000mm
Y Stroke	4,000mm
W Stroke	3,000mm
RPM	2,000

▶ 오면가공기 : RB-8VM (50호기) - 2대

설비사양		
X Stroke	11,000mm
Y Stroke	5,000mm
W Stroke	3,500mm
RPM	4,000

▶ 플로어 보링기 : HITRAX-3500 - 1대

설비사양		
X Stroke	8,000mm
Y Stroke	3,500mm
V Stroke	2,000mm
RPM	2,500

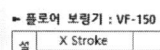

▶ 플로어 보링기 : VF-150 - 1대

설비사양		
X Stroke	10,400mm
Y Stroke	4,000mm
V Stroke	2,500
RPM	1,000

▶ 플로어 보링기 : BF-130 - 1대

설비사양		
X Stroke	12,000mm
Y Stroke	4,000mm
V Stroke	2,500mm
RPM	2,500

안산사업장 외부전경

▶ 플로어 보링기 : MX-7 - 1대

설비사양		
X Stroke	10,000mm
Y Stroke	4,000mm
Z Stroke	1,500mm
RPM	4,000

▶ TIG용접기 : CNW500MXⅡ - 36대

설비사양		
정격용량(A)	500A
정격전압(V)	220/380V
출력전류범위(A)	50~500A
정격주파수(Hz)	50/60Hz

▶ MIG용접기 : CNW500CM - 24대

설비사양		
정격용량(A)	500A
정격전압(V)	220/380V
출력전류범위(A)	50~500A
정격주파수(Hz)	50/60Hz

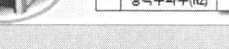

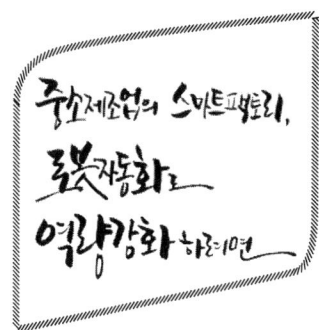

초판 발행 2019년 1월 1일
재판 발행 2020년 12월 1일
3판 발행 2023년 3월 1일

지은이 이남은   **펴낸이** 박종춘
편 집 김순자   **디자인 및 제작** 빅핸드
펴낸곳 도서출판 좋은기업위드
주 소 서울시 중구 퇴계로 180-15 뉴동화빌딩 505호
전 화 02-6959-1032   /   **팩스** 02-6959-1035
출판등록 제2014-000038호
I S B N 979-11-87262-13-8 13550
잘못된 책은 구입하신 서점에서 교환해 드립니다.
책 가격은 뒤표지에 표시되어 있습니다.
E-mail leenameun00@naver.com   010-2313-4100
Copyright ⓒ2023 이남은
이 책의 저작권은 이남은과 (주)좋은기업위드에 있습니다.
저작권법에 의해 보호를 받는 저작물이므로 무단 복제 및 무단 전재를 금합니다.